北京高等学校优质本科课程
全国石油和化工教育优秀教学团队倾力打造

跟着思维导图
学习化工原理

张香兰　　蔡卫滨　　马靖文
畅志兵　　曹俊雅　　◎编著

内 容 提 要

本书旨在方便读者随时随地学习化工原理，培养读者学以致用的意识，提高分析问题和解决问题的能力。书中将化工原理教材各单元内容按知识点划分进行介绍，每个知识点包含知识结构图、学习要点、能力训练和学习提示。充分利用富媒体信息技术，每章节设置二维码提供老师课程讲解视频、习题答疑视频及配套课程 PPT，自主开发的"化工原理智能问答机器人"小程序可以随时查询各知识点及相关基本概念。

本书可作为高等院校化工类相关专业学生学习化工原理的参考书，特别是采用线上线下相结合学习方式的本科生，以及帮助考研生快速建立化工原理的知识结构脉络和理清做题思路，同时也可供化工原理授课教师参考。

图书在版编目（CIP）数据

跟着思维导图学习化工原理 / 张香兰等编著 . -- 北京：中国石化出版社，2023.8

ISBN 978-7-5114-7202-1

Ⅰ.①跟… Ⅱ.①张…②蔡…③马… Ⅲ.①化工原理 Ⅳ.① TQ02

中国国家版本馆 CIP 数据核字（2023）第 147737 号

中国石化出版社出版发行

地址：北京市东城区安定门外大街 58 号

邮编：100011　电话：（010）57512500

发行部电话：（010）57512575

http：//www.sinopec-press.com

E-mail：press@sinopec.com

宝蕾元仁浩（天津）印刷有限公司印刷

全国各地新华书店经销

*

787×1092 毫米　16 开本　15.25 印张　352 千字

2024 年 1 月第 1 版　2024 年 1 月第 1 次印刷

定价：58.00 元

前　言

化工原理是化工专业的基础课，也是学生接触的第一门技术基础课程；与理论课程相比，学习方法和思维方式有较大变化，加上学生对实践的认识较少，课程本身比较综合、抽象，学生初次学习会感到一定困难。目前，国内很多高校都有MOOC（慕课）上线，为学生自主学习提供了便利。虽然，线上线下相结合的学习方式已成为重要的教学改革方向，但线上学习时，部分学生仍不适应，看完视频抓不住重点，学习效率较低。

我们在教学过程中引导学生完成每一单元学习后制作思维导图。思维导图有助于同学们理解知识结构，掌握知识点之间的逻辑关系，是一种很好的学习方法。但是同学们所做的思维导图在知识的逻辑关系上还需要进一步厘清和提高，为此，教研室老师决定撰写本书，一方面为学生线上视频学习、复习提供抓手，另一方面引导学生掌握本课程的知识结构、基本知识和原理，培养学生运用所学知识解决生活和工程实践问题的能力。

本书以天津大学的化工原理教材为基础，将各单元知识按知识点划分，每个知识点包括视频二维码（对应教师讲解视频）、知识结构图、学习要点、能力训练和学习提示。教材充分利用富媒体信息技术，每章节设置二维码提供老师课程讲解视频、习题答疑视频及配套课程PPT，自主开发的"化工原理智能问答机器人"小程序可以随时查找各知识点涉及的基本概念。为培养学生读者学以致用的意识，提高分析问题和解决问题的能力，书中能力训练部分为每个知识点列举了知识向能力转化的要求，并准备了能力训练，二维码提供训练题的提示、答案。本书尽量避免与教材相同内容的文字重复描述，希望方便读者快速找到需要的内容。

本书由中国矿业大学（北京）化工原理教学团队编写。第1章绪论、第2章流体流动、第5章传热、第13章结晶和膜分离由蔡卫滨编写，第3章流体输送机械、第4章非均相物系的分离和第6章蒸发由畅志兵编写；第7章传质过程基础、第8

章吸收、第 10 章气液传质设备和第 11 章液 – 液萃取由张香兰编写，第 9 章蒸馏由马靖文编写，第 12 章干燥由曹俊雅编写。

　　本书可作为高等院校化工类相关专业学生学习化工原理的参考书，特别是采用线上线下相结合学习方式的本科生，以及帮助考研生快速建立化工原理的知识结构脉络和理清做题思路，同时也可供化工原理授课教师参考。

　　限于作者水平，书中难免有不妥之处，敬请读者批评指正。

本书使用方法示例：

扫描二维码可以跟着视频学习本节内容，视频内容很详细哦。

4.3 沉降

本节介绍重力沉降和离心沉降的基本原理，以及对应设备的基本结构、工作原理和性能参数。本节知识结构如下：

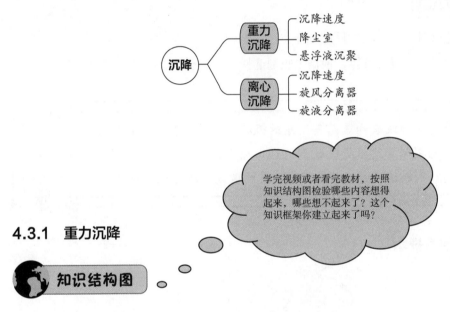

学完视频或者看完教材，按照知识结构图检验哪些内容想得起来，哪些想不起来了？这个知识框架你建立起来了吗？

4.3.1 重力沉降

知识结构图

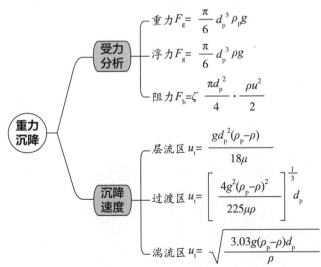

受力分析

重力 $F_g = \dfrac{\pi}{6} d_p^3 \rho_p g$

浮力 $F_g = \dfrac{\pi}{6} d_p^3 \rho g$

阻力 $F_b = \zeta \dfrac{\pi d_p^2}{4} \cdot \dfrac{\rho u^2}{2}$

重力沉降

沉降速度

层流区 $u_t = \dfrac{g d_p^2 (\rho_p - \rho)}{18\mu}$

过渡区 $u_t = \left[\dfrac{4g^2 (\rho_p - \rho)^2}{225\mu\rho} \right]^{\frac{1}{3}} d_p$

湍流区 $u_t = \sqrt{\dfrac{3.03 g (\rho_p - \rho) d_p}{\rho}}$

这些概念是不是很清楚？是，就通过了；不会怎么办啊？"化工原理智能问答机器人"小程序搜索看

基本概念：溶质、吸收剂、吸收液、惰性气体、溶解度、选择性。

重点知识：吸收原理和流程，吸收剂的选择原则。

了解知识：气体吸收的分类、气体吸收的目的。

试一试吧！

 能力训练

（1）能够对任一吸收过程进行分类。

（2）针对任一混合气体，根据吸收剂选择原则，选择合适的吸收剂。

训练

　　焦炉气回收氨和苯蒸气所用的吸收剂是什么？（焦炉煤气净化流程参见绪论视频）请根据吸收剂的选择原则，说明所选用的吸收剂满足哪些原则？判断这两种吸收过程分别是物理吸收还是化学吸收？

 学习提示

一些学习方法，关键问题提示

目 录

1. 绪论

本章教学课件

　　化工原理是一门综合应用数学、物理、化学等基础知识，分析和解决化工生产中各物理过程（或单元操作）问题的工程学科，是化工、制药、生物、环境等专业的一门主干课，是学生接触的第一门工程技术课程，担负着培养学生工程概念的责任。化工原理通常以单元操作为主线，按流体流动、传热和传质三种传递过程的分类顺序编写。化工原理上册也称化工流体流动与传热，包括流体流动、流体输送机械、非均相物系的分离、传热以及蒸发等单元操作的基本原理与工艺计算、设备的结构特点、工作原理和选择。化工原理下册也称化工传质与分离过程，包括化工传质过程基础，以及吸收、蒸馏、液－液萃取、干燥、结晶分离等基于平衡分离的单元操作和基于速率分离过程的膜分离单元操作的基本原理、工艺计算、设备的结构和流体力学性能、传质性能等。

　　本章知识结构图对本书的内容、特点和学习基础进行了概括总结，介绍了课程的性质、基本内容、单位换算以及化工过程计算的基本关系。

本章节教学视频

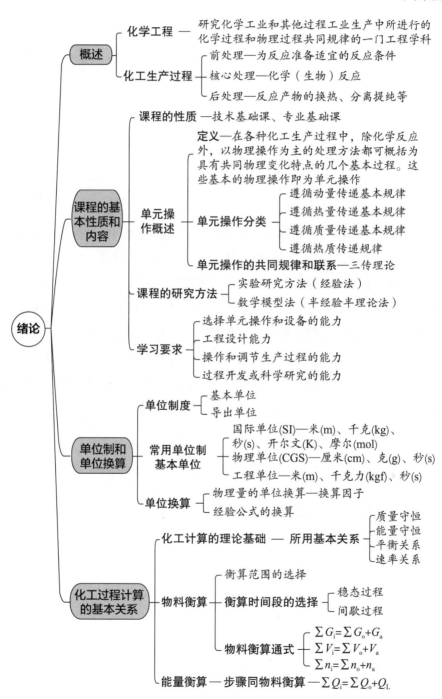

学习要点

基本概念：单元操作、三传理论、基本单位、导出单位、换算因子、质量守恒、能量守恒。

重点知识：（1）物理量及经验公式的单位换算。

（2）稳态过程和间歇过程的物料衡算、能量衡算。

了解知识：单元操作在整个化工过程中的地位、课程的研究方法。

能够熟练进行物理量及经验公式的单位换算，能够选取合适的时间段和对象进行物料和能量衡算。

训练 1-1

水的饱和蒸气压公式如下式所示，其中压强 p 的单位为 mmHg，温度 t 的单位为℃。请将该式进行变换，将式中 p 的单位改成 Pa，t 的单位改成 K。

$$p=\exp\left(20.386-\frac{5132}{t}\right)$$

学习提示

绪论是全书的纲领，要多体会，等学完后续章节后再来看单元操作与三传理论，会有更深的理解。

单位换算理解并不难，首先要熟悉物理量的单位换算，在此基础上去理解经验公式的单位换算。单位换算时，记住需要用物理量新单位除以换算因子，得到旧单位对应的数值，才能代入原公式。比如训练题中的压强 p，采用新单位 Pa 的压强记为 p'，由于 1 mmHg=133 Pa，将 $p'/133$ 就得到旧单位 mmHg 对应的数值，然后把 $p'/133$ 代入原公式左边即可，等式右边进行类似处理。

名师答疑

2. 流体流动

本章教学课件

  液体和气体统称为流体。化工生产中原料及产品大多数都是流体，如何将物料输送到目标设备，是工艺设计中面临的普遍问题。本章的学习目标是研究流体流动过程的基本原理及流体在管内的流动规律，并运用其去分析和计算流体输送的问题。具体要解决以下问题：

- 如何选择适宜的流速？管径怎么选？
- 影响流体流动的因素有哪些？
- 怎样计算流体输送所需的能量？
- 如何根据管路中已知的压力、流量等参数，计算其他未知量？
- 怎样测量流体的速度和流量？

2.1 流体的物理性质

  本节讲述与流动有关的流体的两个物理性质：密度和黏性，包括相关的定义、计算和影响因素，并对非牛顿流体进行简单介绍。

本节教学视频

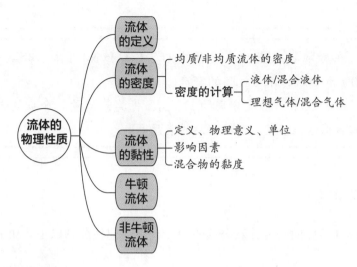

2.1.1 流体的密度

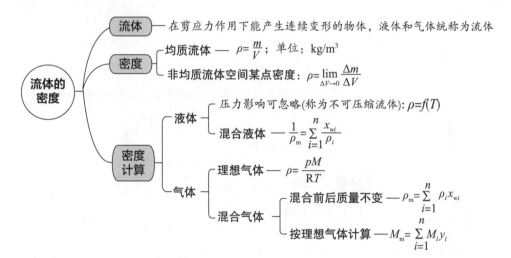

学习要点

基本概念：流体、密度、连续性介质。

重点知识：混合气体、混合液体密度的计算。

能力训练

（1）能够计算不同组成表示的混合气体 / 液体的密度。

（2）能够计算两种或多种气液混合物混合后的密度。

训练 2-1

（1）在标准状况下，某气体中 O_2、CO_2 和 N_2 的摩尔分数分别为 10%、30% 和 60%，求该气体的密度。

（2）两种液体的密度分别为 ρ_1、ρ_2，将其等质量混合成均匀液体，若混合前后总体积不变，求混合后的密度。

学习提示

混合气体和液体的密度计算公式不用专门背，记住分别以 $1m^3$ 和 $1kg$ 为基准，可轻松推导得到。

2.1.2 流体的黏性及非牛顿流体简介

知识结构图

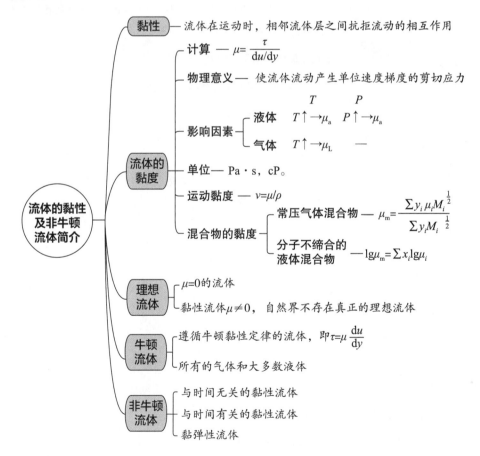

 **学习要点**

基本概念：黏性、黏度、运动黏度、牛顿黏性定律、牛顿流体、非牛顿流体、理想流体。

重点知识：牛顿黏性定律的物理意义和相关计算。

了解知识：理想流体、黏度的影响因素、非牛顿流体。

能力训练

能够结合牛顿黏性定律对生活、生产中的相关现象进行分析判断。

训练 2-2

潜水艇在大海中缓慢潜行，若推动力相同，那么在赤道与北冰洋，哪个地方潜行更快？

 **学习提示**

（1）对黏度最直观的理解，可以想象一下搅拌空气、水和蜂蜜。黏度越大，搅拌所需的力越大。

（2）注意黏度的单位及相互关系，1 Pa·s=1000 cP=1000 mPa·s。

2.2 流体静力学

流体静力学研究的是流体在外力作用下达到平衡时各物理量的变化规律，以及在工程实际中的应用。

本节教学视频

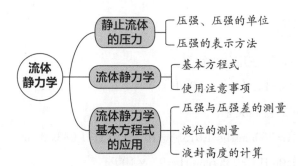

2.2.1 静止流体的压力

知识结构图

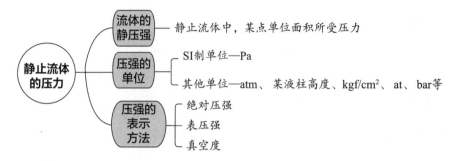

学习要点

基本概念：静压强、绝对压强、表压强、真空度。

重点知识：不同压强单位之间的换算、表压强和真空度的计算。

能力训练

能够对不同压强单位进行换算，能熟练采用真空度和表压强进行相关计算。

训练 2-3

北京的大气压是 101kPa，某设备在北京运行时表压是 69kPa。若该设备在大气压为 75kPa 的某高原运行，保持相同的绝对压强，则该设备的表压是多少？若用公斤力表示，该表压力是多少？

学习提示

（1）关于压强，记住这几个定义：

$1bar=10^5Pa$，$1at=1kgf/cm^2$（$=10mH_2O$）

压强单位之间的换算关系：

$1atm=101325Pa=760mmHg=1.013bar=10.33mH_2O=1.033kgf/cm^2$

$1at=1kgf/cm^2=10mH_2O=735.6mmHg=9.8 \times 10^4Pa$

压强单位之间的换算关系不用记，根据各单位的定义推导出彼此的联系，再进行换算更容易掌握。记住 kgf 是 1kg 物体所受的重力，也就是 9.8N。

（2）表压强和绝对压强的计算，记住图 2.1 就不会计算错了。

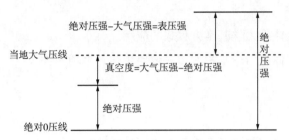

图 2.1　大气压与绝对压强、表压强和真空度之间的关系

（3）单位中 m 和 M 有什么不同，比如 mPa 和 MPa？

m：mili，毫，等于 10^{-3}（0.001），比如毫米（milimeter）。

M：milion，表示百万，等于 10^6（1000000）。

注意：大写 M 才表示百万，小写 m 代表毫。

例如：$1MPa=10^6Pa$，$1MW=10^6W$；$1mPa=10^{-3}Pa$，$1mPa \cdot s=10^{-3}Pa \cdot s$，$1mW=10^{-3}W$。

另外，有时单位中有 c，c 是 centi，厘的意思，等于 10^{-2}（0.01），比如厘米（centimeter）。

黏度单位泊（P），$1P=0.1Pa \cdot s$，因此 $1cP=0.01P=0.01 \times 0.1Pa \cdot s=1mPa \cdot s$。

2.2.2　流体静力学基本方程式及应用

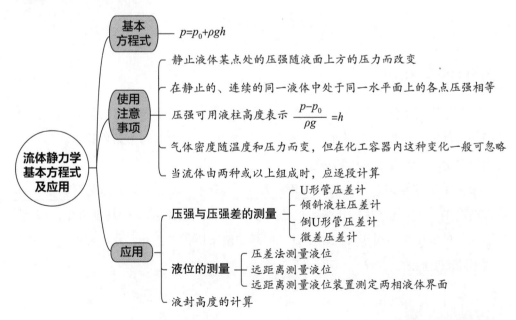

学习要点

重点知识：流体静力学基本方程式的应用。

了解知识：流体静力学基本方程式的使用注意事项及推导。

能力训练

能够采用流体静力学基本方程式解决实际问题。

训练 2-4

如图 2.2 所示，压差计上部为空气，工作介质为水。已知 $h_1=0.45$m，$h_2=1.8$m，$h_3=0.6$m，求 A、B 两点间的压强差。

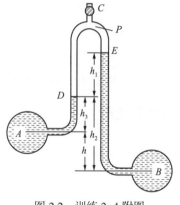

图 2.2　训练 2-4 附图

学习提示

（1）运用流体静力学基本方程去解决实际问题，一定要牢记"在静止的、连续的同一液体中处于同一水平面上的各点压强相等"，基于这四个条件找等压面，再运用静力学基本方程去分析和解题。

（2）化工容器内，一般忽略高度对压强的影响。这是由于按标况下的空气计算，高度 1m 的空气产生的压强差仅约为 12 Pa，而化工容器一般高度有限，因此，容器内各处的压强差很小可忽略不计。同样，由于压强差很小，化工容器内气体的密度不随高度而改变。

2.3 流体流动的基本方程

流体输送是工业设计中最基本的问题之一。反映流体流动规律的基本方程有连续性方程和伯努利方程。连续性方程实际上是流动物系的物料衡算式，而伯努利方程则反映了流体流动过程中能量的相互转化情况。

本节教学视频

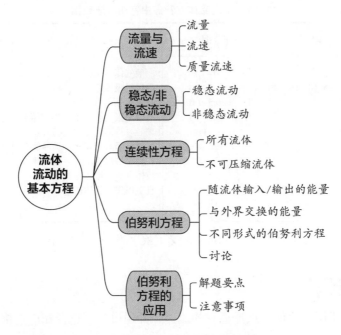

2.3.1 流量与流速、稳态 / 非稳态流动与连续性方程

知识结构图

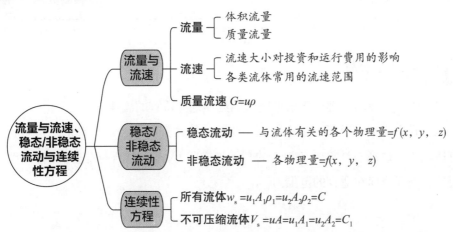

学习要点

基本概念：流量、流速、质量流速、稳态流动、非稳态流动。

重点知识：不同流体适宜流速的选择（见表2.1）。

了解知识：流速大小对投资费用和运行费用的影响。

表2.1 不同流体在管道中常用流速范围

流体的类别及情况	流速范围 / (m/s)	流体的类别及情况	流速范围 / (m/s)
自来水（3×10^5Pa 左右）	1~1.5	一般气体（常压）	10~20
水及低黏度液体（1×10^5~1×10^6Pa）	1.5~3.0	鼓风机吸入管	10~15
高黏度液体	0.5~1.0	鼓风机排出管	15~20
工业供水（$<8 \times 10^5$Pa）	1.5~3.0	离心泵吸入管（水一类液体）	1.5~2.0
锅炉供水（$<8 \times 10^5$Pa）	>3.0	离心泵排出管（水一类液体）	2.5~3.0
饱和蒸汽	20~40	往复泵吸入管（水一类液体）	0.75~1.0
过热蒸汽	30~50	往复泵排出管（水一类液体）	1.0~2.0
蛇管、螺旋管内的冷却水	<1.0	液体自流速度（冷凝水等）	0.5
低压空气	12~15	真空操作下气体流速	<10
高压空气	15~25		

一般水及低黏度液体为 1.0~3.0m/s，气（汽）类为 10~25m/s。

 能力训练

能够根据不同的流体，选择适宜的流速，并通过计算选择相应规格的管道。

训练 2-5

某厂从3000m外的水库取水，水量夏天为2000t/h，冬天为1500t/h，试选择输水管的管径。

学习提示

（1）管径选择的关键在于根据输送的流体选择适宜的流速。

（2）在大多数情况下，根据选择的流速计算得到的管径，与管子规格中的管径会有所出入，选择与计算管径相近的管子规格即可，还需要根据选择的管径重新计算流速，确保流速在适宜的范围内。

2.3.2 伯努利方程

 知识结构图

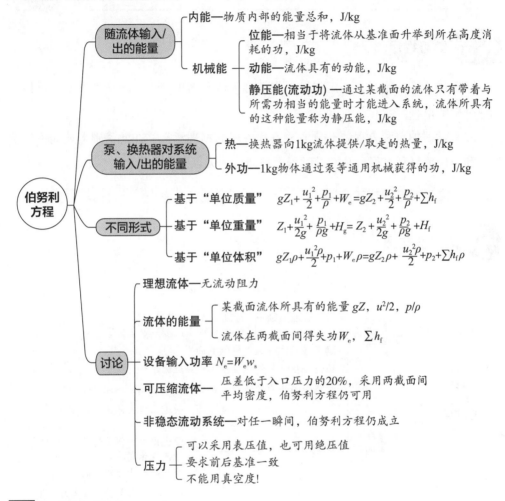

学习要点

基本概念：位能、动能、静压能（流动功）、机械能。

重点知识：流体流动中机械能的转化、基于伯努利方程的讨论。

了解知识：伯努利方程各项的物理意义、伯努利方程的推导。

能力训练

能利用伯努利方程去分析和解释生活和工业生产中的相关现象。

训练 2-6

查阅船吸现象和足球运动中的"香蕉球"现象，结合伯努利方程分析解释相关原理。

 学习提示

（1）静压能的定义有一定误导，将其称为流动功更有利于理解其本质，具体可见视频中的讲解。

（2）学习伯努利方程要充分清楚方程各项的物理意义，在此基础上才能更好地理解和应用伯努利方程，其推导过程了解即可，无须重点学习。

2.3.3 伯努利方程式的应用

 **知识结构图**

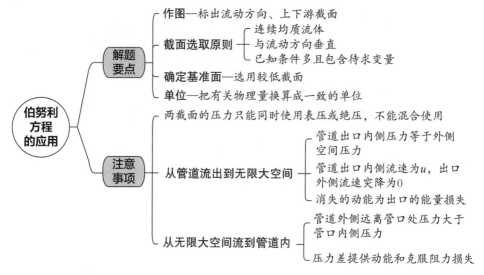

 **学习要点**

重点知识：伯努利方程的解题要点及应用。

能力训练

能熟练运用伯努利方程去分析、解决工程实际问题。

训练 2-7

如图 2.3 所示，用离心泵将水由敞口的恒液位水槽送至水洗塔中，水洗塔内的表压为 98kPa，水槽液面与输送管出口端的垂直距离为 20m，水流量为 10m³/h，管路尺寸 ϕ108mm×4mm。水通过管路的能量损失（含管路进口但不含管路出口）为 120J/kg，泵的效率为 75%，水的密度为 1000kg/m³，求泵的功率是多少？

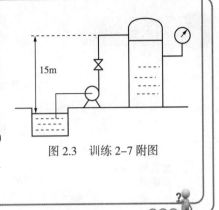

图 2.3　训练 2-7 附图

 学习提示

（1）运用伯努利方程解决实际问题时，注意解题要点中四个要点。截面的选取是一大困难，在解题中应不断地总结，提高这方面的能力。

（2）注意流体在管道进出口处的压力和流速变化。

2.4　流体流动现象

流体流动中，内部质点的运动方式决定了流体的速度分布、流动阻力以及流体中的质量传递和热量传递。流体的流动现象非常复杂，涉及面很广，在化工原理中只简要介绍流动类型与雷诺数，流体在圆管内流动时的速度分布以及边界层的概念等内容。

本节教学视频

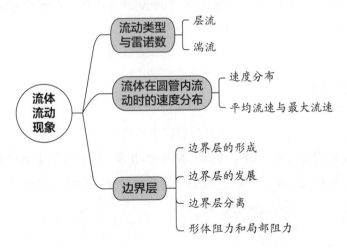

2.4.1 流动类型与雷诺数

知识结构图

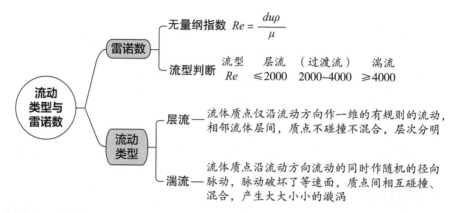

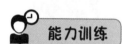学习要点

基本概念：雷诺数、无量纲指数、层流、湍流、过渡流。

重点知识：层流和湍流的特征，雷诺数的物理意义和计算。

能力训练

能运用雷诺数进行流动类型的判断。

训练 2-8

　　20℃的水、己烷和甘油分别在内径为 50mm 的管内流动，流速都为 1m/s，分别求出这三种流体流动的雷诺数。

学习提示

　　雷诺数是量纲为 1 的数群，计算时数群中各物理量应采用相同的单位制。无论采用何种单位制进行计算，计算得到的结果都相等。注意常温下水的黏度约为 10^{-3} Pa·s，空气黏度约为 2×10^{-5} Pa·s，计算雷诺数的时候，黏度都在分母上，由于黏度值较小，因此，一般雷诺数值比较大。

2.4.2　流体在圆管内流动时的速度分布

　知识结构图

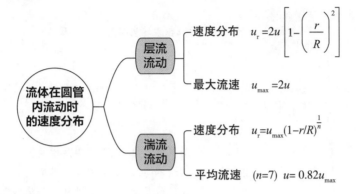

流体在圆管内流动时的速度分布

层流流动
- 速度分布　$u_r = 2u\left[1-\left(\dfrac{r}{R}\right)^2\right]$
- 最大流速　$u_{max} = 2u$

湍流流动
- 速度分布　$u_r = u_{max}(1-r/R)^{\frac{1}{n}}$
- 平均流速　$(n=7)$　$u = 0.82u_{max}$

　学习要点

　　重点知识：流体在圆管内层流时的速度分布和计算式，湍流时的速度分布。

　　了解知识：流体在圆管内层流时速度分布的推导，u/u_{max} 与 Re、Re_{max} 的关系图的使用。

　能力训练

　　能画出流体在圆管内流动时的速度分布，结合速度分布式求解不同位置的剪切力。

训练 2-9

　　20℃的水在内径为 50mm 的管内以 1.5m/s 的速度流动，分别求出 1/2 半径和管壁处的剪切力。

学习提示

　　流体在圆管内层流时速度分布推导的过程要了解，速度分布式、平均流速和最大流速的关系要记住。

2.4.3 边界层的概念

 知识结构图

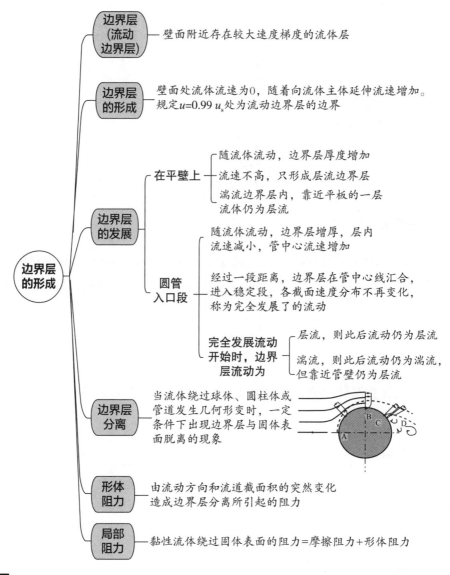

边界层（流动边界层）—— 壁面附近存在较大速度梯度的流体层

边界层的形成 —— 壁面处流体流速为0，随着向流体主体延伸流速增加。规定 $u=0.99\,u_s$ 处为流动边界层的边界

边界层的发展

在平壁上
- 随流体流动，边界层厚度增加
- 流速不高，只形成层流边界层
- 湍流边界层内，靠近平板的一层流体仍为层流

圆管入口段
- 随流体流动，边界层增厚，层内流速减小，管中心流速增加
- 经过一段距离，边界层在管中心线汇合，进入稳定段，各截面速度分布不再变化，称为完全发展了的流动

完全发展流动开始时，边界层流动为
- 层流，则此后流动仍为层流
- 湍流，则此后流动仍为湍流，但靠近管壁仍为层流

边界层分离 —— 当流体绕过球体、圆柱体或管道发生几何形变时，一定条件下出现边界层与固体表面脱离的现象

形体阻力 —— 由流动方向和流道截面积的突然变化造成边界层分离所引起的阻力

局部阻力 —— 黏性流体绕过固体表面的阻力=摩擦阻力+形体阻力

学习要点

基本概念：边界层、边界层分离、完全发展的流动、形体阻力、摩擦阻力、局部阻力。

重点知识：边界层的发展（如图 2.4、图 2.5 所示）。

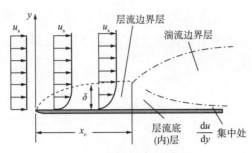

图 2.4　平板上的流动边界层

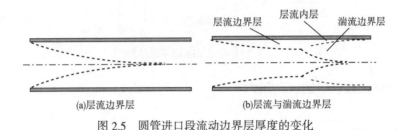

(a)层流边界层　　　　(b)层流与湍流边界层

图 2.5　圆管进口段流动边界层厚度的变化

了解知识：边界层的特性，边界层分离的物理意义及边界层对传热和传质的意义，形体阻力与局部阻力的形成。

 **能力训练**

能分别针对平壁和圆管，画出低速和高速下，边界层的分布和发展。能结合伯努利方程式，解释边界层分离现象。

训练 2-10

潜艇、飞机、高速火车，通常都设计成流线型，结合本节所学知识进行分析这样设计的目的是什么？

学习提示

边界层分离对刚接触的学生来说不太好理解。对于边界层分离现象的产生，一方面要善于结合伯努利方程，熟练运用动能和静压能之间的相互转化进行分析，另一方面，可通过演示实验，或者相关视频增加直观感受。

2.5　流体在管内的流动阻力

流体在管内流动阻力的计算是管路设计中的重要一环。流体在圆

本节教学视频

形直管中的流动阻力计算，无论是层流还是湍流，都可统一用范宁公式；对非圆形直管内的流动阻力，可采用当量直径进行计算；对于局部阻力，可采用阻力系数法或当量长度法进行计算。

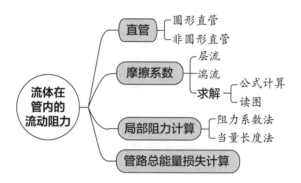

2.5.1 流体在直管中的流动阻力

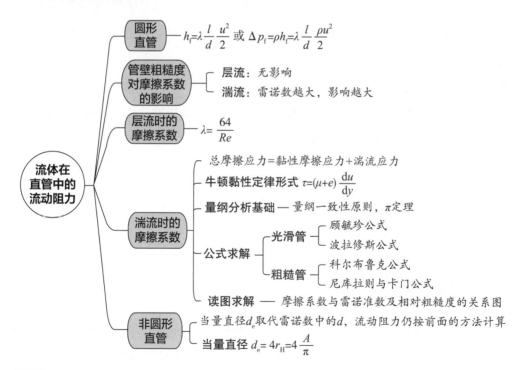

学习要点

基本概念：Δp_f、粗糙度、相对粗糙度、摩擦系数、量纲分析、当量直径。

重点知识：范宁公式的应用、当量直径法计算非圆形管道内的流动阻力。

了解知识：摩擦系数的影响因素、量纲分析的过程和方法、摩擦系数的计算公式及应用。

 **能力训练**

能运用范宁公式进行圆形及非圆形管道的阻力计算，能熟练使用摩擦系数与雷诺准数及相对粗糙度的关系图。

训练 2-11

> 套管式换热器由 $\phi 108mm \times 4mm$ 的外管和 $\phi 72mm \times 4mm$ 的内管组成，试计算夹套的当量直径。

 学习提示

本部分的计算公式较多，但大多不用记，只要记住范宁公式、层流时摩擦系数 $\lambda=64/Re$、$\Delta p_f=\rho h_f$ 以及当量直径的计算式即可。摩擦系数的几个计算公式也不用记，会用就可以。

2.5.2 管路上的局部阻力和总能量损失

 **知识结构图**

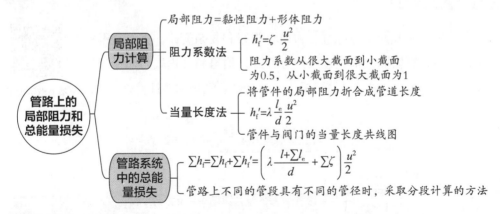

 学习要点

基本概念：阻力系数、当量长度。

重点知识：局部阻力的计算方法。

了解知识：常见的管件和阀门的结构特点。

能熟练使用阻力系数法和当量长度法进行局部阻力的计算，能熟练使用管件与阀门的当量长度共线图。

训练2-12

（1）20℃的水在内径为50mm的光滑管内以1.5m/s的速度流动，流过10m后进入一个水池。计算并比较10m直管段流动的能量损失 h_{f1} 和从管道出口流入水池的能量损失 h_{f2}。

（2）根据管件与阀门的当量长度共线图，分别读取内径为65mm的截止阀和闸阀在全开状态下的当量长度并进行比较，结合阀门的结构特点讨论两者的差异。

阻力系数法用得比较少，记住流体从大截面进入很小截面以及从很小截面进入大空间对应的阻力系数分别为0.5和1即可。管件与阀门当量长度共线图的使用不难，结合视频学习并稍进行练习即能掌握。

2.6 管路计算

管路按连接和配置情况可分为简单管路和复杂管路。无论是哪种管路，管路计算实际上都是连续性方程式、伯努利方程式与能量损失计算式的具体运用。管路计算可分为设计型计算和操作型计算。

本节教学视频

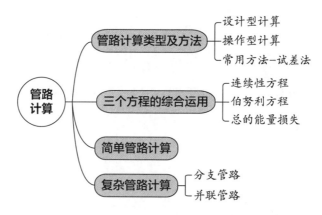

2.6.1 管路计算概述及简单管路计算

知识结构图

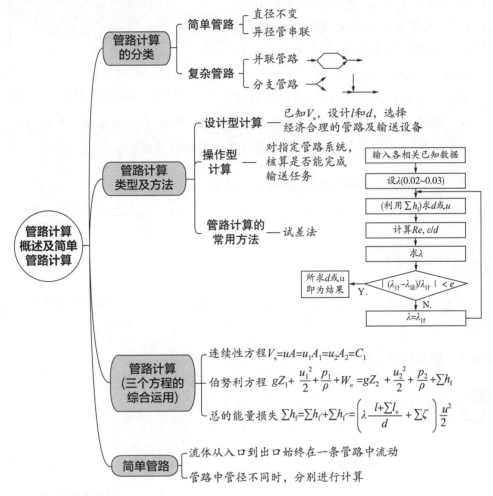

管路计算概述及简单管路计算

- 管路计算的分类
  - 简单管路
    - 直径不变
    - 异径管串联
  - 复杂管路
    - 并联管路
    - 分支管路

- 管路计算类型及方法
  - 设计型计算 —— 已知V_s，设计l和d，选择经济合理的管路及输送设备
  - 操作型计算 —— 对指定管路系统，核算是否能完成输送任务
    - 输入各相关已知数据
    - 设λ(0.02~0.03)
    - (利用$\sum h_f$)求d或u
    - 计算Re，ε/d
    - 求λ
    - $|(\lambda_{计}-\lambda_{设})/\lambda_{计}| < e$
      - Y. → 所求d或u即为结果
      - N. → $\lambda=\lambda_{计}$
  - 管路计算的常用方法 —— 试差法

- 管路计算(三个方程的综合运用)
  - 连续性方程 $V_s=uA=u_1A_1=u_2A_2=C_1$
  - 伯努利方程 $gZ_1+\dfrac{u_1^2}{2}+\dfrac{p_1}{\rho}+W_e=gZ_2+\dfrac{u_2^2}{2}+\dfrac{p_2}{\rho}+\sum h_f$
  - 总的能量损失 $\sum h_f=\sum h_{f'}+\sum h_{f''}=\left(\lambda\dfrac{l+\sum l_e}{d}+\sum\zeta\right)\dfrac{u^2}{2}$

- 简单管路
  - 流体从入口到出口始终在一条管路中流动
  - 管路中管径不同时，分别进行计算

学习要点

基本概念：分支管路、并联管路。

重点知识：掌握简单管路的设计型和操作型计算。

能力训练

能运用连续性方程式、伯努利方程式与能量损失计算式进行简单管路和复杂管路的流动计算。

训练 2-13

如图 2.6 所示，用离心泵从敞口水池向高位水池送水，水池入口处压力为 20kPa(表压)，要求送水量为 10m³/h，吸入管和排出管长度都已包括所有局部阻力，泵的效率可取为 70%。试求：（1）泵的压头和轴功率；（2）若改用上述管路输送密度为 1200kg/m³ 的溶

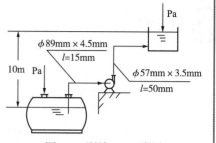

图 2.6　训练 2-13 附图

液，黏度不变，管路上阀门开度和操作条件、摩擦系数均不变，仍保持原来的输送质量流量，泵所要提供的压头和轴功率要增加或减少多少？

注：水的密度为 1000kg/m³，黏度为 1mPa·s，$\lambda=\dfrac{0.3164}{Re^{0.25}}$。

 学习提示

简单管路的计算并不复杂，当涉及不同管径的管路时，应分别计算各管路的能量损失。

2.6.2　复杂管路计算

 **知识结构图**

复杂管路计算
- **特点**
  - 各支管的流量彼此影响，相互制约
  - 遵守能量衡算和质量衡算原则
- **交叉点局部阻力处理**
  - 视为类似三通的管件，根据进出该管件各流股的流向及流速，确定该点的局部阻力；同时考虑能量的再分配
  - 交叉点能量损失与管路其他部分相比很小时，可忽略交叉点局部阻力（常用）
- **并联管路**
  - 忽略交叉点局部阻力，各支路的能量损失相同
- **分支管路**
  - 单位质量流体在各支管终了时的总机械能与该支路能量损失之和相等
- **汇合管路**
  - 单位质量流体在各支管上游的总机械能减掉该支管能量损失之差相等

学习要点

重点知识：掌握并联管路、分支管路和汇合管路机械能和阻力变化的特点并进行相关计算。

能力训练

能对复杂管路进行分析和阻力计算。

训练 2-14

如图 2.7 所示，用泵将 20℃ 水经总管分别打入容器 A、B 内，总管流量为 176m³/h，总管直径为 ϕ168mm×5mm，C 点处压力为 1.97kgf/cm² （表压），求泵供给的压头及支管 CA、CB 的阻力（忽略总管内的阻力）。

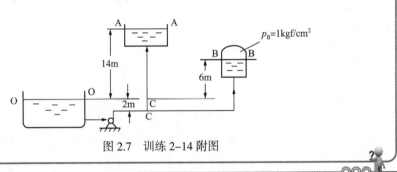

图 2.7 训练 2-14 附图

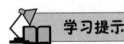

学习提示

（1）并联管路的计算要记住各分支管路的能量损失相同这个原则。

（2）汇合管路和分支管路有时候并不能一眼看出，可通过对比两个管路在交叉点的机械能进行判断。

（3）分支管路交叉点流体的机械能应能满足各支路所需。在机械能满足所需能量最大的一个支路时，对其余支路，分叉点处的机械能偏高，会使输送能力大于原要求，此时适当减小其余支路阀门开度即可，详见视频相关例题的计算。

2.7 流量测量

流量是化工生产过程中的重要参数之一。最古老的计量方法是容积法，随着科技的发展，开发了多种新型的流量测量仪表，如电磁流量计、超声波流量计等。化工原理侧重于介绍利用流体流动时机械能

本节教学视频

相互转换关系而设计的流速计和流量计。

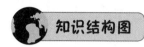 **知识结构图**

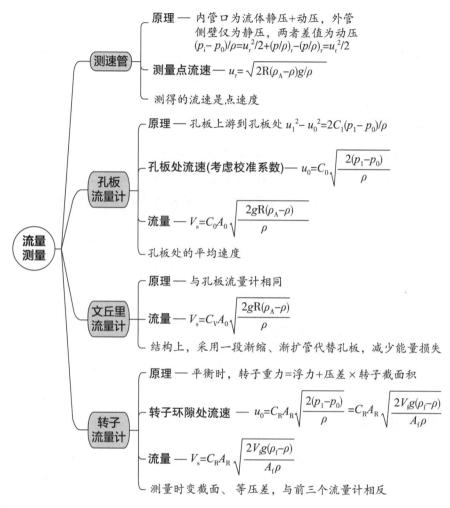

测速管
- 原理 —— 内管口为流体静压+动压，外管侧壁仅为静压，两者差值为动压 $(p_i-p_0)/\rho=u_r^2/2+(p/\rho)_r-(p/\rho)_r=u_r^2/2$
- 测量点流速 —— $u_r=\sqrt{2R(\rho_A-\rho)g/\rho}$
- 测得的流速是点速度

孔板流量计
- 原理 —— 孔板上游到孔板处 $u_1^2-u_0^2=2C_1(p_1-p_0)/\rho$
- 孔板处流速(考虑校准系数) —— $u_0=C_0\sqrt{\dfrac{2(p_1-p_0)}{\rho}}$
- 流量 —— $V_s=C_0A_0\sqrt{\dfrac{2gR(\rho_A-\rho)}{\rho}}$
- 孔板处的平均速度

文丘里流量计
- 原理 —— 与孔板流量计相同
- 流量 —— $V_s=C_VA_0\sqrt{\dfrac{2gR(\rho_A-\rho)}{\rho}}$
- 结构上，采用一段渐缩、渐扩管代替孔板，减少能量损失

转子流量计
- 原理 —— 平衡时，转子重力=浮力+压差×转子截面积
- 转子环隙处流速 —— $u_0=C_RA_R\sqrt{\dfrac{2(p_1-p_0)}{\rho}}=C_RA_R\sqrt{\dfrac{2V_fg(\rho_f-\rho)}{A_f\rho}}$
- 流量 —— $V_s=C_RA_R\sqrt{\dfrac{2V_fg(\rho_f-\rho)}{A_f\rho}}$
- 测量时变截面、等压差，与前三个流量计相反

流量测量（总主题）

学习要点

重点知识：4种流量计的结构、测量原理和优缺点。

了解知识：4种流量计流量的推导。

能力训练

能运用流体流动时机械能相互转换关系对流量仪表的测量原理进行分析，能进行相关的计算。

训练 2-15

在内径为 250mm 的管道上安装一个开孔直径为 79mm 的孔板，管道中流动的是 20℃的水，若水的体积流量是 70.6m³/h，问 U 形管压差计的液面高度差是多少？已知 U 形管压差计指示液密度为 13600kg/m³，孔流系数 C_0=0.625。

学习提示

（1）测速管的速度计算式不用刻意去背，由于推导过程较为简单，掌握其原理，使用时临时推导。其余公式也不用背但要求会用。

（2）几种流量计之间的优缺点应结合其结构，在理解的基础上进行对比。

名师答疑

3. 流体输送机械

本章教学课件

在化工生产中，物料通过管路在各工艺单元之间的输送，都涉及输送流体的设备。用来输送液体的设备是泵，用来输送气体的设备是风机。本章的学习目标是能够根据流体输送任务的要求，选择适宜的流体输送设备或者对现有设备进行调节，具体需要解决以下问题：

- 如何选择适宜类型和规格的流体输送机械？
- 如何调节管路系统中流体输送机械输送流体的流量？
- 离心泵在安装和使用过程中需要注意哪些事项？

3.1 离心泵

本节介绍了离心泵的基本结构、工作原理和特性，以便能够根据输送任务正确选择离心泵的类型和规格，确定离心泵在管路中的位置，计算离心泵消耗的功率等，使离心泵能在高效率下可靠运行。

本节知识结构图如下：

本节教学视频

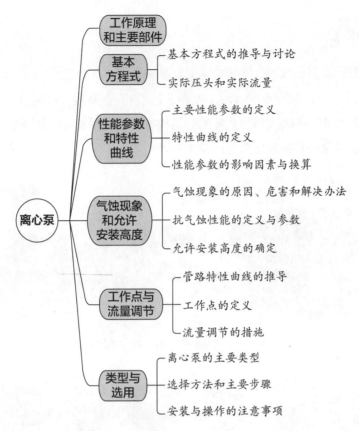

3.1.1 离心泵的工作原理和主要部件

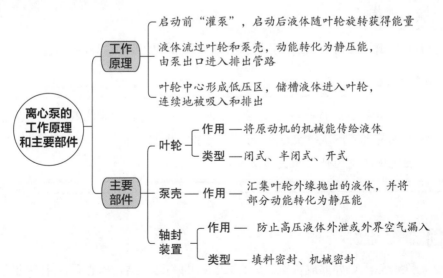

📋🔍 **学习要点**

基本概念：灌泵、气缚、叶轮、泵壳、轴封装置。

重点知识：离心泵的基本结构（见图 3.1）和工作原理，气缚现象产生的原因和消除措施，闭式、半闭式和开式叶轮的结构特点和适用场合（见图 3.2）。

了解知识：泵壳转换液体能量的基本原理。

图 3.1　离心泵的基本结构示意图

(a)闭式　　　　　　　(b)半闭式　　　　　　　(c)开式

图 3.2　离心泵的叶轮示意图

 **能力训练**

能够基于离心泵的工作原理分析离心泵工作过程中典型故障的原因。

训练 3-1

　　某离心泵在运行一段时期后，发现吸入口真空表读数不断下降，管路中的流量也不断减少直至断流。经检查，电机、轴、叶轮都正常运转，分析上述故障是由什么原因造成的。

📖 **学习提示**

　　离心泵叶轮入口处形成负压是离心泵运行的关键，结合离心泵各部件的结构特征理解其作用。

3.1.2 离心泵的基本方程式

 **知识结构图**

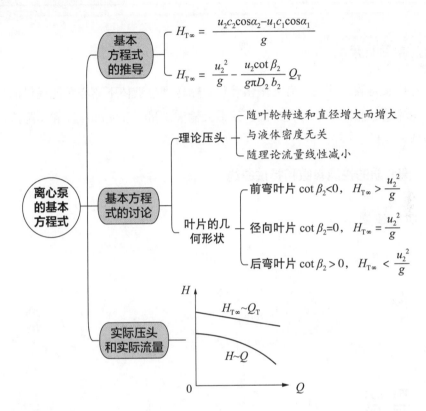

离心泵的基本方程式

基本方程式的推导

$$H_{T\infty} = \frac{u_2 c_2 \cos\alpha_2 - u_1 c_1 \cos\alpha_1}{g}$$

$$H_{T\infty} = \frac{u_2^2}{g} - \frac{u_2 \cot\beta_2}{g\pi D_2 b_2} Q_T$$

基本方程式的讨论

理论压头
- 随叶轮转速和直径增大而增大
- 与液体密度无关
- 随理论流量线性减小

叶片的几何形状
- 前弯叶片 $\cot\beta_2 < 0$, $H_{T\infty} > \dfrac{u_2^2}{g}$
- 径向叶片 $\cot\beta_2 = 0$, $H_{T\infty} = \dfrac{u_2^2}{g}$
- 后弯叶片 $\cot\beta_2 > 0$, $H_{T\infty} < \dfrac{u_2^2}{g}$

实际压头和实际流量

$H_{T\infty} \sim Q_T$
$H \sim Q$

📋 **学习要点**

基本概念：理论压头、理论流量、实际压头、实际流量。

重点知识：叶轮转速、叶轮直径、流量等因素对理论压头的影响，实际压头和实际流量与理论压头和理论流量的关系。

了解知识：离心泵基本方程式的假设和推导过程。

👤 **能力训练**

能够简述离心泵的实际压头比理论压头小的原因。

训练 3-2

　　某离心泵在一定转速和一定流量下的理论压头为 25m，但实际压头仅为 11m，试解释两者较大区别的原因。

**学习提示**

　　理论压头是假设叶轮具有无限多叶片、输送理想液体下离心泵能提供的最大压头，理论流量是假设泵不存在泄漏下的最大输液流量，而实际压头和实际流量均低于理论值。

3.1.3　离心泵的性能参数和特性曲线

知识结构图

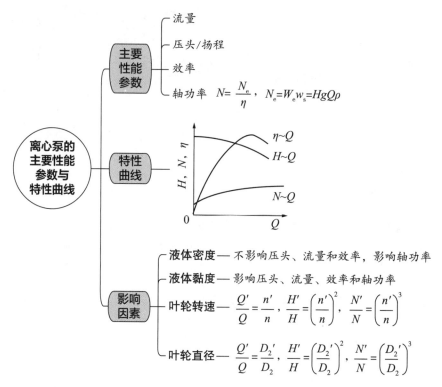

学习要点

　　基本概念：流量、压头、轴功率、效率、最佳工况参数、高效率区。

重点知识：压头、轴功率和效率随流量的变化趋势，液体物性、叶轮转速和叶轮直径对性能参数的影响。

 能力训练

能够分析离心泵性能参数随流体物性的变化规律，并根据切割定律和比例定律换算性能参数。

训练 3-3

某台利用变频调速装置的离心泵，在转速 1450r/min 下的特性曲线方程为 $H=38.4-40.3Q^2$（式中 Q 单位为 m³/min）。当流量为 0.5m³/min 时，离心泵的扬程是多少？当转速调整为 1595r/min，流量仍为 0.5m³/min 时，离心泵的扬程为多少？

 学习提示

随着离心泵输液流量增大，压头逐渐减小，轴功率逐渐增大，效率先增大后减小，可利用离心泵的特性曲线判断其性能参数的变化。

3.1.4 离心泵的气蚀现象和允许安装高度

 **知识结构图**

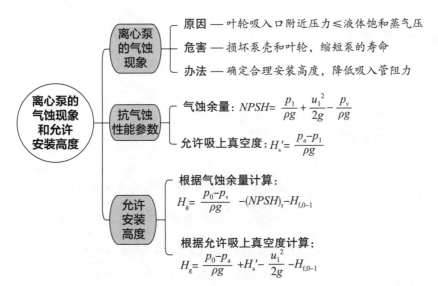

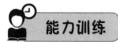 **学习要点**

基本概念：气蚀、允许吸上高度、允许安装高度。

重点知识：气蚀余量、允许吸上真空度、随流量的变化关系（见图3.3）、离心泵允许安装高度的计算。

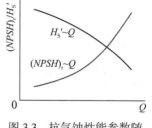

图 3.3 抗气蚀性能参数随流量的变化关系曲线

能力训练

能够根据离心泵的抗气蚀性能参数，计算离心泵的允许安装高度。

训练 3-4

以某离心泵抽送 20℃清水，在规定流量下泵的允许气蚀余量为 4.5m。已知该流量下吸入管路阻力为 0.5m，当地大气压为 759mmHg，20℃水的蒸气压为 2.3kPa，则泵的最大安装高度为多少？

 学习提示

当离心泵的气蚀余量越大或允许吸上真空度越小，表示离心泵越容易发生气蚀；随着输送液体流量增大，离心泵的气蚀余量越大、允许吸上真空度越小，说明离心泵在大流量下更容易发生气蚀。

3.1.5　离心泵的工作点与流量调节

知识结构图

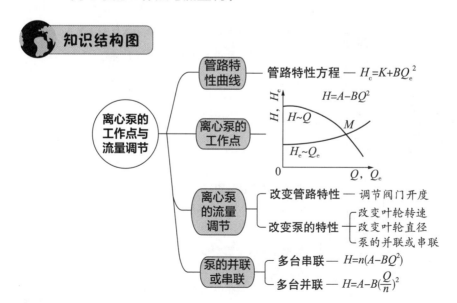

基本概念： 管路特性曲线、工作点、离心泵的并联和串联。

重点知识： 管路特性方程的推导，离心泵工作点的调节方法（见图3.4）。

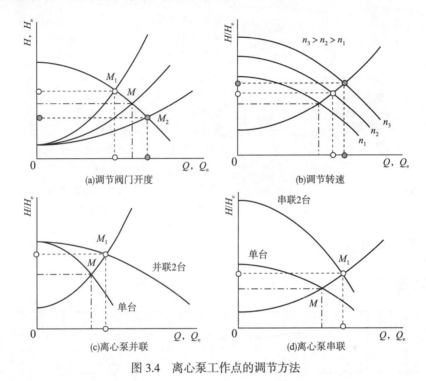

图 3.4　离心泵工作点的调节方法

能够基于工作点的定义判断输液流量随离心泵特性和管路特性的变化规律，并提出流量调节措施。

训练 3-5

将江中的水用离心泵送至某加压容器，若输送过程中容器内压力上升，则流量、压头和轴功率如何变化？

离心泵工作点是泵特性曲线 $H \sim Q$ 和管路特性曲线 $H_e \sim Q_e$ 的交点，离心泵性能参数 Q、H、N 和 η 的变化常需结合离心泵 $N \sim Q$ 和 $\eta \sim Q$ 进行判断。

3.1.6 离心泵的类型、选择与使用

 知识结构图

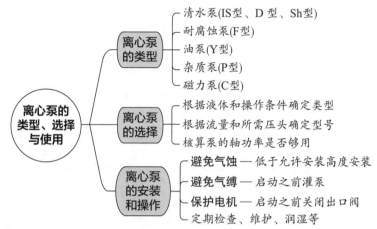

学习要点

基本概念： IS 型离心泵系列特性曲线（见图 3.5）。

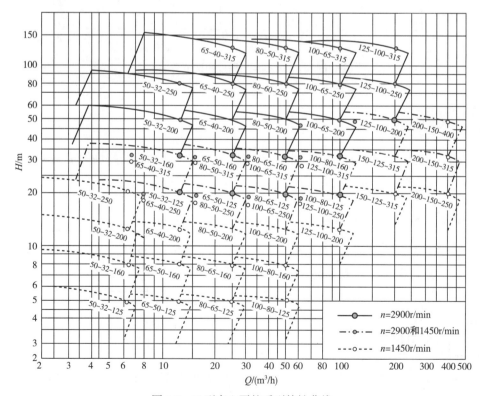

图 3.5　IS 型离心泵的系列特性曲线

重点知识：选择离心泵的基本方法和步骤，离心泵安装和使用过程中的注意事项。

了解知识：不同类型离心泵的特点和适用场合。

 能力训练

能够针对简单工况下的输水任务，选择合适型号的单级单吸离心泵。

训练 3-6

　　用泵从江中取水送入一贮水池内，池中水面高出江面 30m，管路长度（包括局部阻力的当量长度在内）为 94m，内径为 54mm，要求水的流量为 20~40m³/h。设流动一直处于阻力平方区，$\lambda=0.03$。某离心泵的流量、扬程、效率、轴功率分别为 45m³/h、42m、60%、7kW，该泵是否可用？

 学习提示

　　离心泵选型的关键在于泵能输送液体流量和提供压头要略微高于输送任务要求的流量和压头。

3.2　其他类型液体输送机械

　　本节介绍了往复泵的主要部件、工作原理和流量调节方法，介绍了旋转泵和旋涡泵的基本结构和工作原理。本节知识结构如下：

本节教学视频

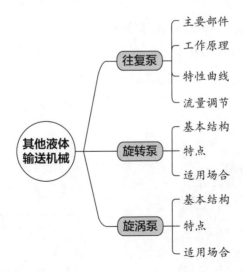

3.2.1 往复泵

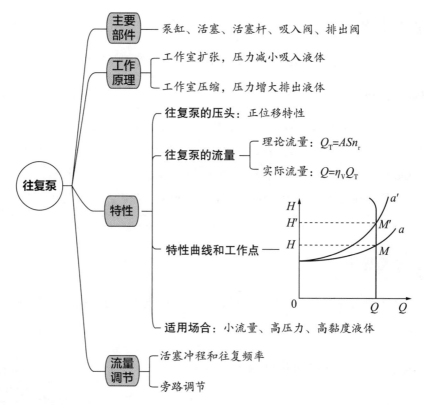

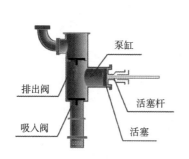 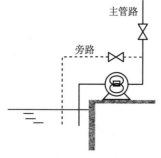

学习要点

基本概念：工作室、冲程、正位移特性。

重点知识：往复泵结构和主要部件（见图 3.6），往复泵的工作原理和特性曲线，往复泵流量的调节方法（见图 3.7）。

图 3.6　往复泵的结构和主要部件　　　　图 3.7　往复泵的旁路调节示意图

能够根据往复泵的特征参数和安装管路的特性，计算某一输液量所需活塞的往复频率或特定往复频率下的输液量，以及往复泵消耗的轴功率。

训练 3-7

采用一台三效单动柱塞式往复泵输送某种液体，已知泵的柱塞直径为 70mm，冲程为 225mm，往复频率为 200r/min，泵的总效率和容积效率分别为 90%、95%，输送液体流量是多少？

往复泵输送液体流量与管路特性无关，其流量不能通过出口阀门调节，可通过调节活塞冲程、往复频率或采用旁路调节进行调节。

3.2.2 旋转泵和旋涡泵

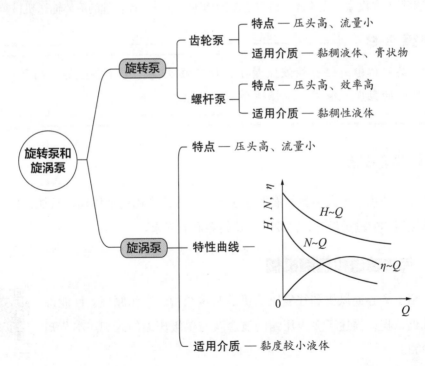

了解知识：旋转泵和旋涡泵的基本结构、工作原理和适用场合（见图 3.8 和图 3.9）。

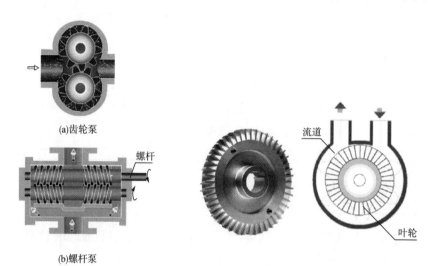

(a)齿轮泵

螺杆

(b)螺杆泵

图 3.8　旋转泵结构示意图

流道

叶轮

图 3.9　旋涡泵结构示意图

能够针对黏度大、压头高、流量小的液体输送任务选择合理的液体输送机械类型。

训练 3-8

　　某液体输送任务输液流量小，所需压头高，选择合适类型的泵；倘若液体的黏度也很高，选择适合类型的泵？

学习提示

　　离心泵适用于绝大多数的液体输送场合，是最常用的液体输送机械，但针对某些高黏度液体的输送任务，需要采用旋转泵和旋涡泵。

3.3　气体输送和压缩机械

　　介绍了离心通风机和往复压缩机的基本结构、工作原理、性能参数和选型依据，描述了多级压缩的概念及与单级压缩的区别。本节知识结构如下：

本节教学视频

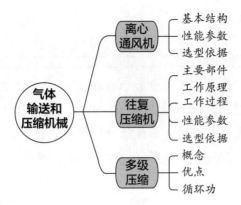

3.3.1 离心通风机

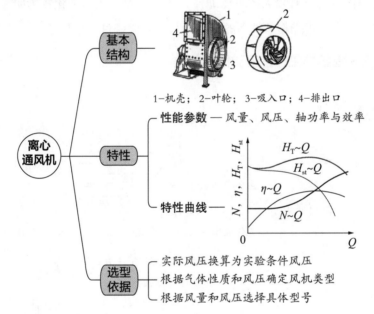

1—机壳；2—叶轮；3—吸入口；4—排出口

学习要点

基本概念：风量、全风压、动风压、静风压。

重点知识：风压的计算和换算。

了解知识：离心通风机的特性曲线。

能力训练

能够针对气体输送任务的需求，计算用于离心通风机选型的风量和风压，并选择适宜型号的离心通风机。

某石灰锻造炉所需空气流量为20000kg/h，15℃的空气直接由大气进入风机并送至炉底，炉底的表压为10790Pa，管道内径为800mm，设摩擦因数为0.02，由大气至炉底出风管口内侧阻力损失的长度为100m。某通风机全风压为12650Pa，风量为21800m³/h，当地大气压为101.3kPa，试分析该风机是否合用。

气体与液体相比具有较大的可压缩性，气体密度随压力变化较为明显，对于离心通风机的选型需要将操作条件下的风压换算为实验条件下的风压。

3.3.2 往复压缩机的工作过程和性能参数

知识结构图

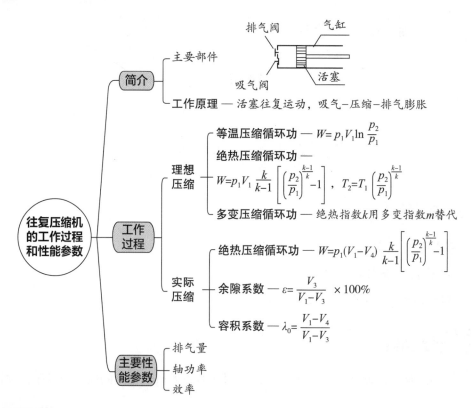

基本概念：工作容积、工作循环、等温压缩、绝热压缩、多变压缩、余隙系数、容积系数。

重点知识：理想压缩循环和实际压缩循环的 $P–V$ 关系（见图 3.10），往复压缩机性能参数的计算。

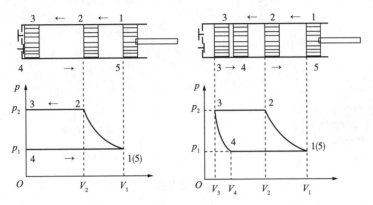

图 3.10　理想压缩循环和实际压缩循环的 $P–V$ 关系示意图

 能力训练

能够进行往复压缩机的操作型计算，即在压缩机型号确定的情况下计算排气量、轴功率、效率和活塞冲程等参数。

训练 3-10

　　某单级双动压缩机，活塞直径为 300mm，冲程为 200mm，每分钟往复 480 次。吸气压强为 9.807×10^4Pa，排气压强为 34.32×10^4Pa。假设气缸余隙系数为 8%，排气系数为容积系数的 85%，绝热总效率为 70%，空气的绝热指数为 1.4，试计算排气量和轴功率。

学习提示

　　与理想压缩循环相比，实际压缩循环在排气终了时气缸内仍有一定量气体，导致实际压缩循环排气量减小，且循环功的计算更为复杂。

3.3.3 多级压缩与往复压缩机的选择

 **知识结构图**

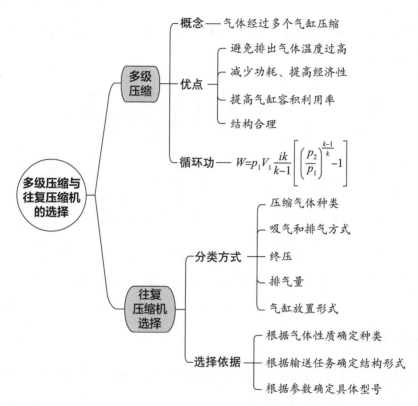

多级压缩与往复压缩机的选择
- 多级压缩
  - 概念 —— 气体经过多个气缸压缩
  - 优点
    - 避免排出气体温度过高
    - 减少功耗、提高经济性
    - 提高气缸容积利用率
    - 结构合理
  - 循环功 —— $W=p_1V_1\dfrac{ik}{k-1}\left[\left(\dfrac{p_2}{p_1}\right)^{\frac{k-1}{k}}-1\right]$
- 往复压缩机选择
  - 分类方式
    - 压缩气体种类
    - 吸气和排气方式
    - 终压
    - 排气量
    - 气缸放置形式
  - 选择依据
    - 根据气体性质确定种类
    - 根据输送任务确定结构形式
    - 根据参数确定具体型号

学习要点

基本概念：级、级数、压缩比。

重点知识：理解多级压缩过程的概念，理解多级压缩相较于单级压缩的优点。

了解知识：往复压缩机的类型和选择依据。

能力训练

能够在各级压缩比相同的情况下，计算多级往复压缩机的生产能力、理论功和理论功率等参数。

训练 3-11

用三级单动往复压缩机将 20℃的空气从 100kPa 压缩至 6400kPa，设中间冷却器将送至后一级的空气冷却至 20℃。设第一级的汽缸内径为 200mm，活塞冲程为 240mm，每分钟往复 240 次，余隙系数为 6%，排气系数为容积系数的 89%，多变压缩指数为 1.25，试求压缩机的生产能力（以第一级计，kg/h）和三级压缩所需的理论功率。

 学习提示

当压缩比很大时，单级压缩存在气缸容积利用率低、气缸缸壁过厚的问题，采用多级压缩可以克服以上问题，但当级数过多时存在系统结构复杂、设备费用提高、流动阻力增大的问题，实际级数需综合考虑后确定。

名师答疑

4. 非均相物系的分离

本章教学课件

　　根据混合物内部是否存在相界面，化工生产中常遇到的混合物分为均相混合物和非均相混合物，非均相混合物内部存在隔开两相的分界面，界面两侧的物性截然不同。本章主要讨论利用机械方法分离气－固和液－固非均相物系的过程，包括沉降和过滤两种单元操作。具体需要解决以下问题：

- 如何根据分离任务要求选择适宜的分离方法？
- 如何确定多层降尘室的规格和层数？
- 如何选择旋风分离器的型号和组合方式？
- 如何根据滤浆性质计算板框过滤机的生产能力？

4.1 概述

 知识结构图

介绍了非均相混合物的分类、分离方法和分离目的。本节知识结构如下：

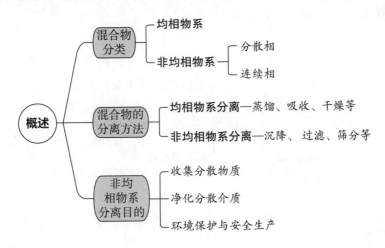

学习要点

基本概念：相界面、分散相、分散物质、连续相、分散介质。

重点知识：非均相混合物分离的方法和目的。

能力训练

能够鉴别生活中和化工生产中典型混合物的类别。

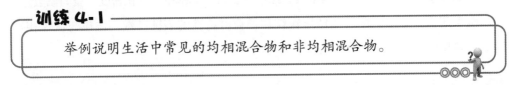

训练 4-1

举例说明生活中常见的均相混合物和非均相混合物。

学习提示

非均相物系和均相物系的区别在于是否存在"相界面"，非均相物系分离的本质是利用两相间的物性差异，通过分散相与连续相发生相对运动达到分离目的。

4.2 流体与颗粒的相对运动

 知识结构图

本节教学视频

本节介绍了单一颗粒和颗粒群的特性参数,及颗粒与流体相对运动时颗粒所受阻力的计算式。本节知识结构如下:

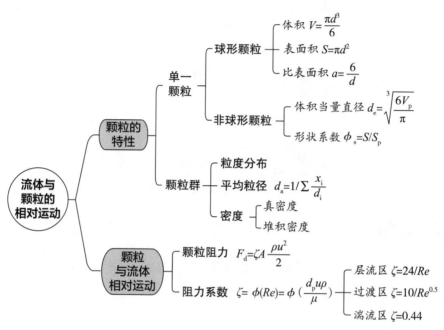

 学习要点

基本概念:当量直径、形状系数、球形度、目、真密度、堆积密度、曳力系数。

重点知识:球形颗粒、非球形颗粒和颗粒群特性的表征参数,颗粒与流体相对运动时颗粒所受阻力的计算方法。

 能力训练

能够计算颗粒和颗粒群的特性参数,以及颗粒与流体相对运动时颗粒受到的阻力。

训练 4-2

颗粒在斯托克斯定律区自由沉降,当粒径增大一倍,曳力系数变为原来的多少倍,曳力变为原来的多少倍?

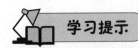

颗粒与流体相对运动时的阻力与雷诺数有关，导致不同区间内阻力系数的计算式存在差异，其中过渡区和湍流区的计算式为经验公式。

4.3 沉降

本节介绍重力沉降和离心沉降的基本原理，以及对应设备的基本结构、工作原理和性能参数。本节知识结构如下：

本节教学视频

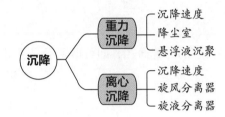

4.3.1 重力沉降

知识结构图

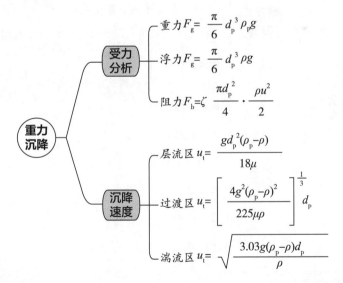

学习要点

基本概念：终端速度、沉降速度、自由沉降。

重点知识：不同区间沉降速度的计算式。

 能力训练

能够分析重力沉降速度随颗粒特性和流体性质的变化规律。

训练 4-3

　　某密度为 ρ_s 的球形颗粒在水中和空气中沉降时，雷诺数都小于 1，对应的沉降速度之比为多少？

 学习提示

将阻力系数代入沉降速度的计算通式，即可得到不同区间内沉降速度的计算式。

4.3.2　重力沉降速度

 知识结构图

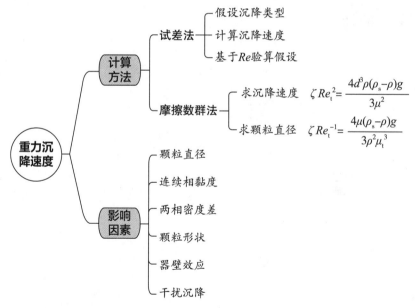

 学习要点

基本概念：摩擦数群、干扰沉降、器壁效应。

重点知识：重力沉降速度的计算，不同因素对重力沉降速度的影响。

能够采用试差法和摩擦数群法计算沉降速度。

在 20m 高的升气管中，要求球形颗粒停留 10s。已知：粒径为 10μm，粒子密度为 2500kg/m³；气体密度为 1.2kg/m³，黏度为 0.0186cP，气体流量为 100m³/h，试求升气管直径。

采用试差法计算沉降速度或者颗粒直径时，先假设沉降过程所属区间，计算结束后需要验算假设是否正确。摩擦数群法的本质是利用不含待求量的摩擦数群，根据不同流动区域内沉降速度的计算式得到摩擦数群与雷诺数的关系，通过摩擦数群查得雷诺数即可求得沉降速度或者颗粒直径，用摩擦数群法不需要试差。

4.3.3 降尘室

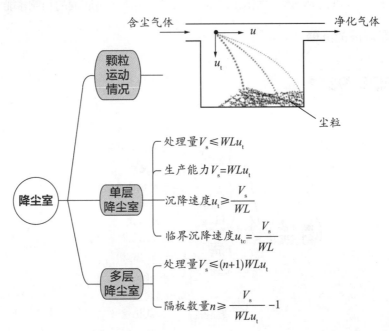

含尘气体   净化气体

颗粒运动情况

尘粒

降尘室

单层降尘室
- 处理量 $V_s \leqslant WLu_t$
- 生产能力 $V_s = WLu_t$
- 沉降速度 $u_t \geqslant \dfrac{V_s}{WL}$
- 临界沉降速度 $u_{tc} = \dfrac{V_s}{WL}$

多层降尘室
- 处理量 $V_s \leqslant (n+1)WLu_t$
- 隔板数量 $n \geqslant \dfrac{V_s}{WLu_t} - 1$

 **学习要点**

基本概念：生产能力、临界沉降速度、临界粒径。

重点知识：降尘室分离气流中颗粒的工作原理，单层降尘室和多层降尘室的相关计算。

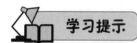 **能力训练**

能够根据气－固混合物的分离要求计算所需降尘室的规格，或者根据降尘室规格计算临界粒径、处理量和分离效率等参数。

训练 4-5

　　用降尘室除去常压 400℃含尘空气中的尘粒，尘粒密度为 1800kg/m³。在操作条件下，气体流量为 14400kg/h，降尘室长 5m、宽 2m、高 2m，用隔板分成 5 层（不计隔板厚），求能被 100% 去除的最小颗粒直径是多少？

 **学习提示**

降尘室的工作原理做了两点假设：（1）含尘气体进入降尘室立即在整个流通截面分布均匀；（2）含尘气流到达降尘室出口端时，只有达到降尘室底面的颗粒才能分离。

4.3.4　悬浮液的沉聚

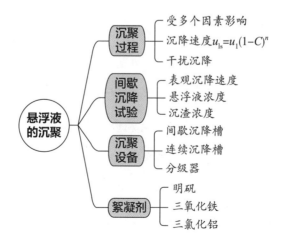

学习要点

基本概念：沉聚、澄清器、增稠器、分级器、双锥分级器、絮凝剂。

重点知识：沉聚设备的基本结构和工作原理。

能力训练

能够根据颗粒混合物的分离要求计算分级器中水流的上升速度。

训练 4-6

用双锥分级器分离正方体颗粒的方铅矿与石英，二者棱长均为 0.08~0.7mm、密度分别为 7500kg/m³ 和 2650kg/m³。假设粒子做自由沉降，水的密度为 998.2kg/m³、黏度为 1.005×10^{-3}Pa·s，为了获得纯方铅矿粒，水上升速度至少是多少？

学习提示

分级器中沉降速度大于水流速度的颗粒将进入底流，而沉降速度小于水流速度的颗粒将进入溢流，通过调节水流速度可以分离不同粒度、密度的颗粒。

4.3.5 离心沉降

知识结构图

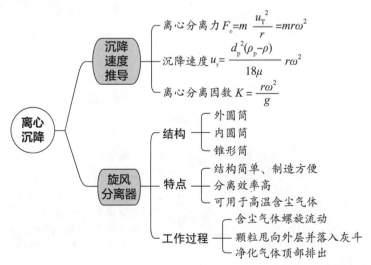

 **学习要点**

基本概念：离心分离因数、内螺旋、外螺旋。

重点知识：旋风分离器的基本结构和工作原理，离心沉降速度计算式的推导。

 **能力训练**

能够分析离心沉降速度随颗粒特性和流体性质的变化规律。

训练 4-7

颗粒在旋风分离器内沿径向沉降的过程中，其沉降速度是否保持不变，为什么？

 **学习提示**

对照旋风分离器的结构示意图理清其工作原理，颗粒能被分离的条件是在含尘气流从出口流出时颗粒能够抵达圆筒壁面。

4.3.6 离心沉降设备

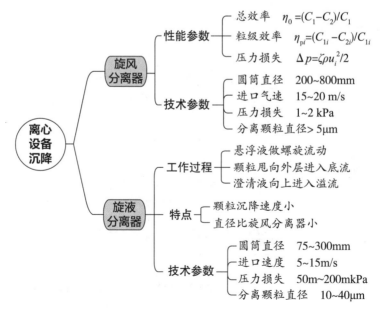 **知识结构图**

离心沉降设备
- 旋风分离器
  - 性能参数
    - 总效率 $\eta_0=(C_1-C_2)/C_1$
    - 粒级效率 $\eta_{pi}=(C_{1i}-C_{2i})/C_{1i}$
    - 压力损失 $\Delta p=\zeta\rho u_i^2/2$
  - 技术参数
    - 圆筒直径 200~800mm
    - 进口气速 15~20 m/s
    - 压力损失 1~2 kPa
    - 分离颗粒直径 > 5μm
- 旋液分离器
  - 工作过程
    - 悬浮液做螺旋流动
    - 颗粒甩向外层进入底流
    - 澄清液向上进入溢流
  - 特点
    - 颗粒沉降速度小
    - 直径比旋风分离器小
  - 技术参数
    - 圆筒直径 75~300mm
    - 进口速度 5~15m/s
    - 压力损失 50m~200mkPa
    - 分离颗粒直径 10~40μm

学习要点

基本概念：总效率、粒级效率、分割粒径、底流、溢流。

重点知识：旋风分离器性能参数的计算，旋液分离器与旋风分离器的区别。

了解知识：颗粒临界直径计算式的推导。

能力训练

能够计算旋风分离器并联组合和串联组合下的气体处理量、压降和分离效率等参数。

训练 4-8

　　采用标准旋风分离器分离含尘气体。在气体处理量和临界直径不变的情况下，分别采用一台、两台并联、三台并联时，旋风分离器的直径之比及材料费之比是多少？（设颗粒离心沉降处在层流区，材料费用与旋风分离器直径的平方成正比）

学习提示

　　小型旋风分离器的临界粒径小、分离效率高，但在一定的压力损失下气体处理量很少，为了同时提高处理量和分离效率，通常将多个小型旋风分离器并联使用。

4.4 过滤

本节教学视频

　　本节介绍了过滤基本方程、恒压过滤方程的推导过程及应用，重点介绍了板框过滤机的基本结构、工作原理和性能参数计算。本节知识结构如下：

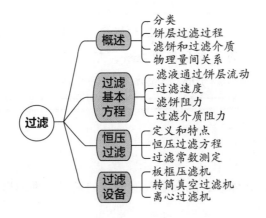

4.4.1 过滤概述

知识结构图

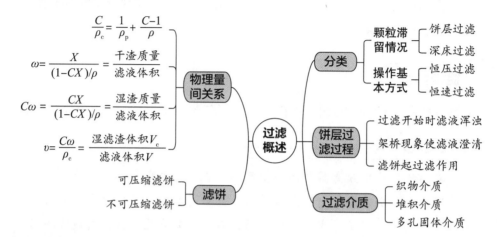

学习要点

基本概念：料浆、过滤介质、滤饼、滤液、架桥现象、助滤剂、干滤渣、湿滤渣。

重点知识：饼层过滤和深床过滤的基本原理、区别和适用场合，过滤过程物理量之间的换算关系。

能力训练

能够根据物料衡算的基本原理，计算过滤操作中滤液质量、滤饼质量和滤饼含水量等参数。

训练 4-9

假设过滤过程液相和固相的体积不变，已知滤浆中固相的质量分数为 12%，滤饼中水的体积分数为 45%，颗粒密度为 1800kg/m³，滤液密度为 1000kg/m³，求过滤 10m³ 滤浆所得滤饼的质量。

学习提示

对照悬浮液量、固体量、滤液量及滤渣量的定义，理清以上物理量之间的关

系，为后续板框过滤机的学习与相关计算奠定基础。

4.4.2 过滤速率方程

知识结构图

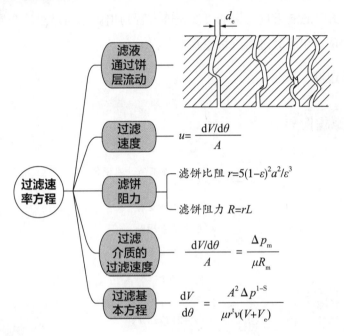

过滤速率方程
- 滤液通过饼层流动
- 过滤速度 $u=\dfrac{\mathrm{d}V/\mathrm{d}\theta}{A}$
- 滤饼阻力
  - 滤饼比阻 $r=5(1-\varepsilon)^2 a^2/\varepsilon^3$
  - 滤饼阻力 $R=rL$
- 过滤介质的过滤速度 $\dfrac{\mathrm{d}V/\mathrm{d}\theta}{A}=\dfrac{\Delta p_{\mathrm{m}}}{\mu R_{\mathrm{m}}}$
- 过滤基本方程 $\dfrac{\mathrm{d}V}{\mathrm{d}\theta}=\dfrac{A^2\Delta p^{1-S}}{\mu r'v(V+V_{\mathrm{e}})}$

学习要点

　　基本概念：过滤速率、过滤速度、比阻、当量滤饼厚度、当量滤液体积、压缩性指数。

　　重点知识：滤液通过饼层流动的简化模型，过滤基本方程的本质。

　　了解知识：过滤基本方程的推导过程。

能力训练

　　能够根据滤浆和滤饼的组成计算滤饼的比阻和阻力。

训练 4-10

　　直径为 0.1mm 的球形颗粒状物质悬浮于水中，过滤分离时形成不可压缩滤饼，滤饼空隙率为 60%，求滤饼的比阻是多少？

过滤基本方程的推导过程较为复杂，其中关键步骤如下：（1）将滤液通过滤饼的流动简化为通过一组管道的流动，列出滤液通过以上管道的压降；（2）引入比阻列出过滤介质的当量滤饼厚度，根据滤饼和滤液的体积关系列出过滤介质的当量滤液体积；（3）仿照滤液通过滤饼的过滤速度方程列出滤液通过过滤介质的过滤速度方程，将以上两者串联处理得到过滤基本方程。

4.4.3 恒压过滤

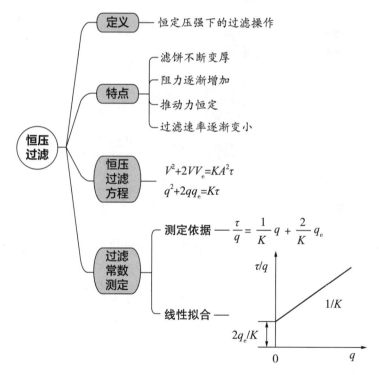

基本概念：恒压过滤、过滤常数。

重点知识：恒压过滤的特点，恒压过滤方程的应用。

了解知识：恒压过滤方程的推导。

能力训练

能够利用恒压过滤方程，计算滤液体积、过滤时间、过滤常数等相关参数。

 训练 4-11

某板框式压滤机恒压下操作，经 1h 过滤得滤液 $2m^3$，过滤介质阻力可忽略。若操作条件不变，再过滤 1h，共得多少滤液？在原条件下过滤 1h 后即把压差提高一倍，再过滤 1h，滤饼压缩性指数为 0.24，共可得多少滤液？

 **学习提示**

恒压过滤方程描述了滤液体积与过滤时间的关系，可用于计算在一定时间内的滤液体积或一定滤液体积下的过滤时间。

4.4.4 过滤设备

知识结构图

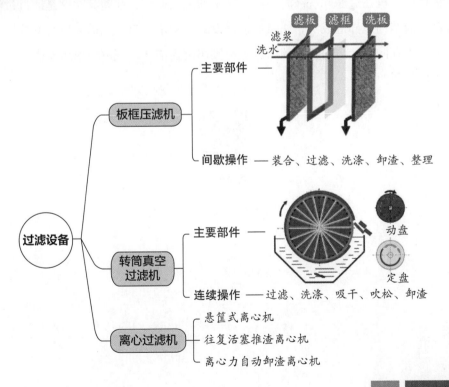

 **学习要点**

基本概念：滤框、洗涤板、非洗涤板、分配头、浸没度。

重点知识：板框压滤机和转筒真空过滤机的基本结构和工作原理，以及过滤时间、滤液体积、生产能力的计算。

了解知识：离心过滤机的基本结构和工作原理。

 **能力训练**

能够针对特定板框压滤机的过滤操作，计算滤液体积、滤饼体积和生产能力。

训练4-12

用板框式压滤机过滤某悬浮液，过滤面积为 $18.5m^2$，恒压过滤为 $20min$ 得滤液 $4m^3$，随即拆装设备，辅助时间为 $30min$。计算该机的生产能力。

 学习提示

板框压滤机在过滤和洗涤时滤液和洗水的流动通道存在差异，这是通过过滤板和洗涤板的结构差异造成的，洗涤板顶部设置有洗水入口，且该入口与滤框顶部的滤液入口不在同一端。需要对照示意图和操作过程描述，理清板框压滤机的基本结构和工作原理。

名师答疑

5. 传热

本章教学课件

　　传热是自然界和工程技术领域中极为普遍的一种传递现象。化学工业与传热的关系尤为密切，传热过程普遍存在于化工生产中，且具有极其重要的作用。化工生产中对传热过程的需求经常有两种情况，一种是强化传热，提高传热效率，如各类换热设备中的传热；另一种是削弱传热，如设备和管道的保温，以减少热损失。本章的学习目标是研究传热的共同规律和基本原理，并将其应用于实际，解决化工生产中的传热问题。具体要解决以下问题：

- 生产和生活中的热量传递过程都是依靠什么方式进行的？传热的速度和热量怎么计算？
- 生产中当需要加热和冷却物料时，怎样选择合适的热载体和换热设备？
- 对于一个传热过程，如何进行强化或削弱？

5.1 传热概述

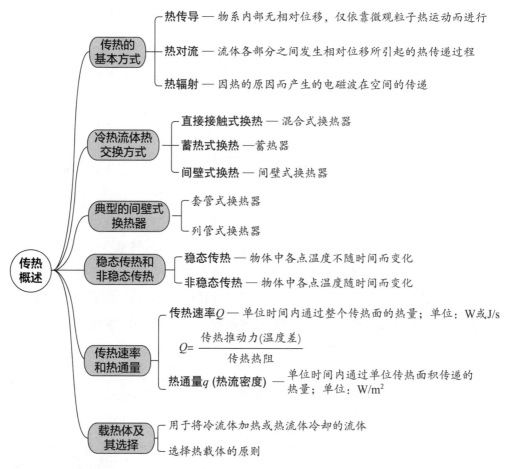

传热概述
- **传热的基本方式**
  - **热传导** —— 物系内部无相对位移，仅依靠微观粒子热运动而进行
  - **热对流** —— 流体各部分之间发生相对位移所引起的热传递过程
  - **热辐射** —— 因热的原因而产生的电磁波在空间的传递
- **冷热流体热交换方式**
  - **直接接触式换热** —— 混合式换热器
  - **蓄热式换热** —— 蓄热器
  - **间壁式换热** —— 间壁式换热器
- **典型的间壁式换热器**
  - 套管式换热器
  - 列管式换热器
- **稳态传热和非稳态传热**
  - **稳态传热** —— 物体中各点温度不随时间而变化
  - **非稳态传热** —— 物体中各点温度随时间而变化
- **传热速率和热通量**
  - **传热速率 Q** —— 单位时间内通过整个传热面的热量；单位：W 或 J/s
  $$Q = \frac{\text{传热推动力(温度差)}}{\text{传热热阻}}$$
  - **热通量 q (热流密度)** —— 单位时间内通过单位传热面积传递的热量；单位：W/m^2
- **载热体及其选择**
  - 用于将冷流体加热或热流体冷却的流体
  - 选择热载体的原则

学习要点

基本概念：热传导、热对流、热辐射、稳态传热、非稳态传热、传热速率、热通量。

重点知识：三种传热方式及各自的特点、传热速率以及热通量等基本概念。

了解知识：传热在化工生产中的应用、典型的传热设备。

能力训练

能够分析不同传热过程所包含的传热方式。

谈谈你所知道的换热设备，这些设备分别用了哪些传热方式？你认为工业上大负荷的传热问题该怎么解决？

学习提示

（1）本部分的概念较多，需要大家多看几遍、在理解的基础上记忆。

（2）三种传热方式的特点要记住，注意工业和生活中的很多传热过程，并不是某一种单纯的传热方式，而是两种乃至三种的结合，分析问题的时候要综合考虑。

5.2 热传导

本节教学视频

热传导是物体内部不发生相对位移，仅借分子、原子和自由电子等微观粒子的热运动而引起的热量传递。物体或系统内各点存在温度差，是热传导的必要条件。

傅里叶定律为热传导的基本定律，对单层、多层平壁和圆筒壁稳态热传导的研究都基于傅里叶定律。

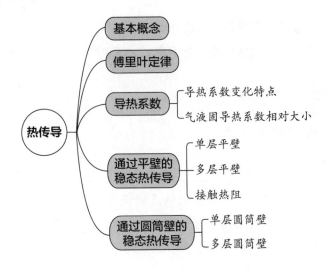

5.2.1　基本概念和傅里叶定律

知识结构图

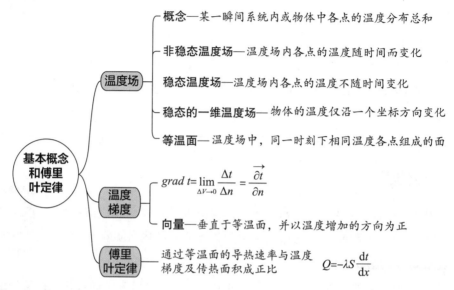

基本概念和傅里叶定律

温度场
- 概念——某一瞬间系统内或物体中各点的温度分布总和
- 非稳态温度场——温度场内各点的温度随时间而变化
- 稳态温度场——温度场内各点的温度不随时间变化
- 稳态的一维温度场——物体的温度仅沿一个坐标方向变化
- 等温面——温度场中，同一时刻下相同温度各点组成的面

温度梯度
- $grad\ t = \lim\limits_{\Delta V \to 0} \dfrac{\Delta t}{\Delta n} = \dfrac{\overrightarrow{\partial t}}{\partial n}$
- 向量——垂直于等温面，并以温度增加的方向为正

傅里叶定律
- 通过等温面的导热速率与温度梯度及传热面积成正比　　$Q = -\lambda S \dfrac{\mathrm{d}t}{\mathrm{d}x}$

学习要点

基本概念：温度场、等温面、温度梯度。

重点知识：等温面、温度梯度的物理意义、傅里叶定律。

能力训练

正确全面地认识傅里叶定律。

训练 5-2

根据傅里叶定律，下列哪些说法是错误的？

（1）式中的负号说明热量传递方向是从低温向高温传递。

（2）λ值越大说明越不容易传导热量。

（3）$\mathrm{d}t/\mathrm{d}x$ 为温度梯度，表示热传导方向上温度随距离的变化率。当温度梯度为负值时，说明热量传递方向指向 x 的正方向，传热量为正值。

（4）Q 是单位时间内传导的热量，A 是平行于传热方向的传热面积。

 **学习提示**

结合示意图 5.1，更能理解等温面和温度梯度的物理意义，图中点线曲线为等温面。

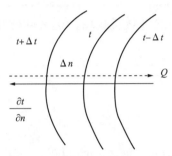

图 5.1　温度梯度和傅里叶定律

5.2.2　导热系数

 **知识结构图**

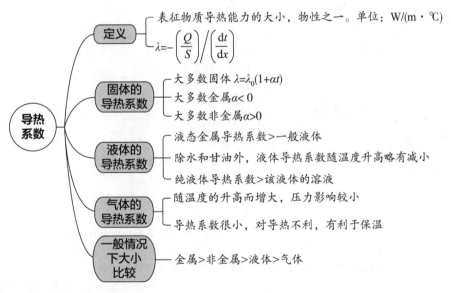

 **学习要点**

基本概念： 导热系数。

重点知识： 导热系数的定义、气液固导热系数的特点和相对大小。

了解知识： 导热系数的影响因素。

能力训练

能根据材料不同的导热性能确定其应用场合。

　　北方建筑的窗户多采用双层玻璃，这么做的目的是什么？说一下所依据的原理。

学习提示

注意导热系数的单位，以及气液固 / 金属与非金属材料导热系数的相对大小。

5.2.3　通过平壁的稳态热传导

知识结构图

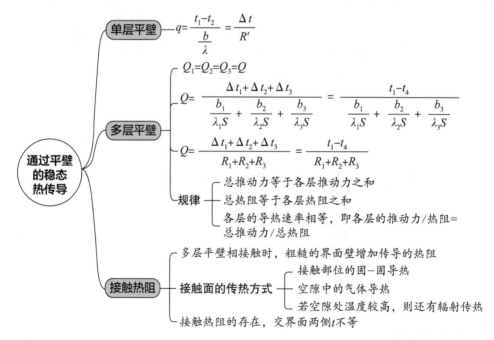

学习要点

基本概念：接触热阻。

重点知识：通过平壁与多层平壁的传热速率的推导计算。

能力训练

能进行平壁、多层平壁稳定热传导的分析与计算。

训练 5-4

穿过三层平壁的稳定导热过程，如图 5.2 所示，试比较第一层的热阻 R_1 与第二、三层热阻 R_2、R_3 的大小。

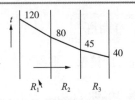

图 5.2　三层平壁稳定导热过程图

学习提示

注意中学所学过的下述公式，只要令 $a/b=c/d=k$，很容易推导得到等式的第三项，这跟多层平壁稳态传热的公式很像。结合这个公式，就很容易理解多层平壁热传导的计算公式。多层平壁稳态传热过程中，每层平壁的传热推动力除以热阻都等于传热量 Q（定值），任意两层平壁的温差相加除以这两层的热阻相加，结果都还是 Q，保持不变。

$$\frac{a}{b}=\frac{c}{d}=\frac{a+c}{b+d}$$

5.2.4　通过圆筒壁的稳态热传导

知识结构图

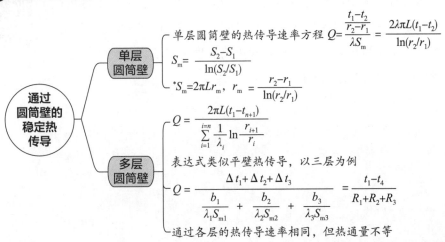

 **学习要点**

基本概念：对数平均。

重点知识：通过圆筒壁与多层圆筒壁的热传导的应用与计算。

 **能力训练**

能进行圆筒壁、多层圆筒壁稳定热传导的分析与计算。

训练 5-5

有一段 $\phi 19mm \times 2mm$ 的钢管，导热系数为 $20W/(m \cdot ℃)$，其外包扎一层厚度为 30mm，导热系数为 $0.2W/(m \cdot ℃)$ 的保温材料，若钢管内表面温度为 580℃，保温层外表面温度为 80℃，试求：（1）每米管长的热损失；（2）保温层中的温度分布。

学习提示

（1）注意对数平均的定义和使用。

（2）只要每层圆筒壁都采用对数平均面积，传热公式的形式跟平壁的稳定热传导一致，其他形式的传热公式通过将公式中的面积用 $2\pi rL$ 替换即能得到，无须多记。

5.3 对流传热概述

流体流过固体壁面时的传热过程称为对流传热，它在化工传热过程中占有重要地位。对流传热的机理复杂，其传热速率与很多因素有关。本节介绍对流传热的基本概念和传热机理，并结合对流传热速率方程对保温层的临界直径进行探讨。

本节教学视频

 知识结构图

对流传热概述

- 对流传热——流体将热量传递给固体壁面或者由固体壁面将热量传给流体的过程

- 对流传热机理
  - **湍流主体**——对流传热、温度分布均匀、不存在热阻
  - **过渡区**——热传导、对流同时存在
  - **层流底层**——热传导、温度梯度大
  - **壁面**——热传导、有温度梯度

- 热边界层——流体温度在靠近壁面的薄流体层中有显著的变化，即在此薄层中存在温度梯度。热边界层是进行对流传热的主要区域

- 对流传热速率方程
  $$Q = -\lambda S \left(\frac{\mathrm{d}T}{\mathrm{d}y}\right)_{y=0} = \frac{T - T_\mathrm{w}}{\dfrac{\delta_\mathrm{t}}{\lambda S}} = \frac{推动力}{阻力}$$

  牛顿冷却定律——$Q = \dfrac{T - T_\mathrm{w}}{\dfrac{1}{\alpha S}} = \dfrac{\Delta t}{R}$

- 对流传热系数
  - 定义——$\alpha = -\dfrac{\lambda}{T - T_\mathrm{w}} \left(\dfrac{\mathrm{d}T}{\mathrm{d}y}\right)_{y=0}$
  - 物理意义——单位温差下，单位面积的对流传热速率

  $Q = \alpha S \Delta t$, $\quad \alpha = \dfrac{Q}{S \Delta t}$ 单位：$\mathrm{W/(m^2 \cdot K)}$

- 保温层的临界直径
  $$Q = \frac{总推动力}{总热阻} = \frac{t_1 - t_\mathrm{f}}{R_1 + R_2} = \frac{t_1 - t_\mathrm{f}}{\dfrac{1}{2\pi L\lambda}\ln\dfrac{r_0}{r_1} + \dfrac{1}{2\pi r_0 L\alpha}}, \quad r_\mathrm{c}=Na, \quad d_\mathrm{c}=2Na$$

学习要点

基本概念：对流传热、热边界层、对流传热系数、临界直径。

重点知识：牛顿冷却定律。

了解知识：保温层临界直径及其推导过程、对流传热的机理及温度分布（见图 5.3）。

能力训练

能够阐明保温层存在临界直径的原因。

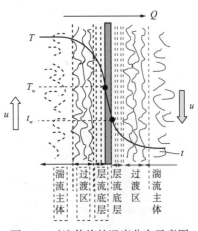

图 5.3　对流传热的温度分布示意图

训练 5-6

对于管路的保温，结合目前所学的知识，你觉得可以采取哪些措施进行更好的保温，减少热量的损失？

学习提示

（1）对流传热的机理以及对流传热中的温度分布要能记住。

（2）热边界层对传热有重要影响，要正确认识热边界层。

（3）保温层临界直径的推导过程要熟悉。

5.4 传热过程计算

化工原理中所涉及的传热过程计算主要有两类：一类是设计计算，即根据生产要求的热负荷，确定换热器的传热面积；另一类是校核（操作型）计算，即计算给定换热器的传热量、流体的流量或温度等。两者都以换热器的热量衡算和传热速率方程为计算基础。

本节教学视频

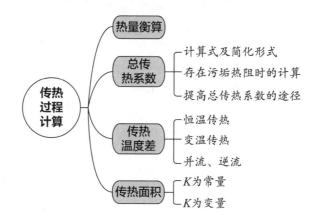

5.4.1 热量衡算

 **知识结构图**

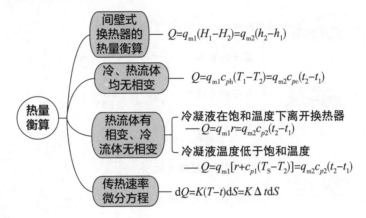

热量衡算
- 间壁式换热器的热量衡算 —— $Q=q_{m1}(H_1-H_2)=q_{m2}(h_2-h_1)$
- 冷、热流体均无相变 —— $Q=q_{m1}c_{ph}(T_1-T_2)=q_{m2}c_{pc}(t_2-t_1)$
- 热流体有相变、冷流体无相变
  - 冷凝液在饱和温度下离开换热器 —— $Q=q_{m1}r=q_{m2}c_{p2}(t_2-t_1)$
  - 冷凝液温度低于饱和温度 —— $Q=q_{m1}[r+c_{p1}(T_S-T_2)]=q_{m2}c_{p2}(t_2-t_1)$
- 传热速率微分方程 —— $\mathrm{d}Q=K(T-t)\mathrm{d}S=K\Delta t\mathrm{d}S$

 **学习要点**

重点知识：冷热流体在有 / 无相变情况下的热量衡算。

能力训练

能针对冷热流体间的传热量进行准确衡算。

训练 5-7

120℃、1t/h 的水蒸气在管壳式换热器的管外冷凝并冷却至 80℃后离开换热器，已知在该温度下水蒸气的冷凝潜热为 2205kJ/kg，水的平均比热容为 4.2kJ/（K·kg）。不考虑热损失，求该换热器的传热量（kW）。

学习提示

热量衡算是传热中最基础的计算之一，其本身并不难，但需要细心，注意各变量的单位，比如流量是基于小时还是秒计算，热量的单位是千焦还是焦等，否则易出错。

5.4.2　总传热系数

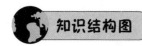

知识结构图

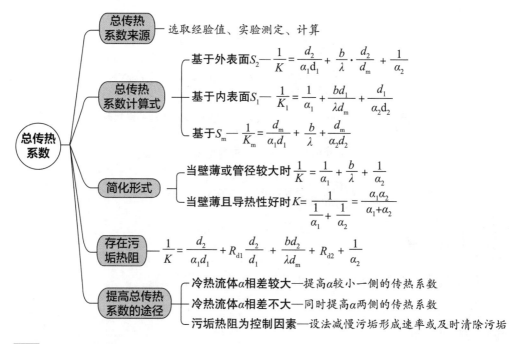

学习要点

基本概念：总传热系数、污垢热阻（污垢系数）。

重点知识：总传热系数的计算、传热的阻力分析及总传热系数强化。

了解知识：一些总传热系数经验值的大致数值，如水－水、水－气、水－有机溶剂、水－水蒸气冷凝等（见表 5.1）。

表 5.1　管壳式换热器中的总传热系数的经验值

冷流体	热流体	总传热系数 $K/[W/(m^2 \cdot ℃)]$
水	水	850~1700
水	气体	17~280
水	有机溶剂	280~850
水	轻油	340~910
水	重油	60~280
有机溶剂	有机溶剂	115~340
水	水蒸气冷凝	1420~4250
气体	水蒸气冷凝	30~300
水	低沸点烃类冷凝	455~1140
水沸腾	水蒸气冷凝	2000~4250
轻油沸腾	水蒸气冷凝	455~1020

能基于不同表面计算总传热系数，分析传热过程中的瓶颈并给出强化办法。

训练 5-8

一个钢制套管换热器，内管为 57mm×3mm，外管为 114mm×3mm，钢材料的热导率为 45W/（m·K）。质量流量为 2000kg/h 的苯 [平均比热容为 1.85kJ/（kg·K）] 在内管中，从 85℃冷却到 55℃；冷却水在环隙中从 20℃上升到 40℃。已知苯对管壁的对流传热系数为 500W/（m²·K），管壁对水的对流传热系数为 1000W/（m²·K）。忽略污垢热阻，分别计算基于外表面和内表面的总传热系数，以及冷却水的消耗量。对于本套管换热器，怎么才能提高传热效率？

 学习提示

（1）对流传热系数的计算并不难，但基于外表面和内表面的计算公式中，外径、内径放分子还是分母容易混。如果记不清，结合下边两个式子简单推导即可得到。

$$\mathrm{d}Q = \frac{T - T_{\mathrm{w}}}{\dfrac{1}{\alpha_1 \mathrm{d}S_1}} = \frac{T_{\mathrm{w}} - t_{\mathrm{w}}}{\dfrac{b}{\lambda \mathrm{d}S_{\mathrm{m}}}} = \frac{t_{\mathrm{w}} - t}{\dfrac{1}{\alpha_2 \mathrm{d}S_2}}, \ \ \mathrm{d}Q = K\mathrm{d}S$$

（2）怎样有效提高传热系数，要结合总传热系数计算公式去理解和分析，不要死记硬背。

5.4.3 传热温度差

 **知识结构图**

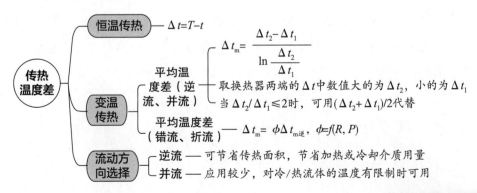

学习要点

基本概念：平均温度差、错流、折流。

重点知识：传热温度差的计算。

了解知识：流动方向的选择。

能力训练

能根据工程需求，计算传热温度差。

训练 5-9

训练 5–8 题中，计算冷热流体逆流和并流时的平均温度差是多少？若冷却水在环隙中从 20℃ 上升到 50℃，两相逆流时的平均温度差又是多少？

学习提示

（1）对于并流和逆流时平均温度差的计算，建议参考图 5.4 的形式，首先根据题意简单画出冷热流体的流向示意图，并标出进出口温度、计算进出口的温度差，然后再利用温度差计算公式进行计算，这样不易出错。

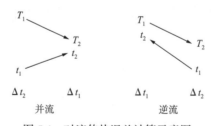

图 5.4　对流传热温差计算示意图

（2）逆流传热时，如果 $\Delta t_1 = \Delta t_2$，采用对数平均温度差公式计算时，就会存在分母为零而无法求解的问题。其实，此时平均温度差就等于换热器两端的温度差，想想为什么？

5.4.4 传热面积

 **知识结构图**

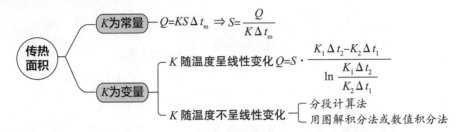

 **学习要点**

重点知识：总传热系数为常量时，传热面积的计算。

了解知识：总传热系数为变量时，传热面积的计算方法。

能力训练

能根据工程需求的换热量以及进出口温度等条件，选择流动方向，计算传热所需面积。

训练 5-10

训练 5-8 题中，计算冷热流体逆流和并流时分别所需的传热面积。

学习提示

本节重点是掌握传热系数为常量时传热面积的计算。公式本身很简单，关键是传热量、总传热系数和平均温度差需要能够正确计算。

5.5 对流传热系数关联式

对流传热速率方程的应用不难，难在对流传热系数的获取，这是解决对流传热问题的关键。求算对流传热系数有理论法和实验法两种，由于传热过程的复杂性，目前只能对一些简单的对流传热过程采用数学方法求解；实验法是结合实验建立关联式，是工程上大多数对流传热问题仍采用的方法。这里重点针对一些重要对流传热过程的对流传热系数关联式进行讨论。

本节教学视频

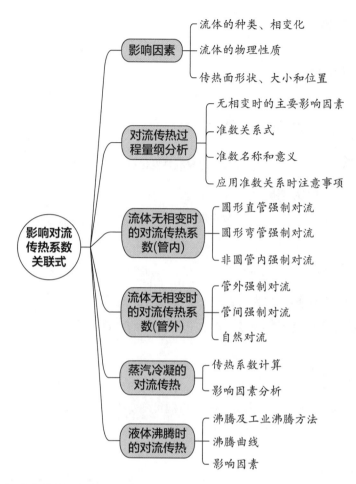

5.5.1 影响对流传热系数的因素

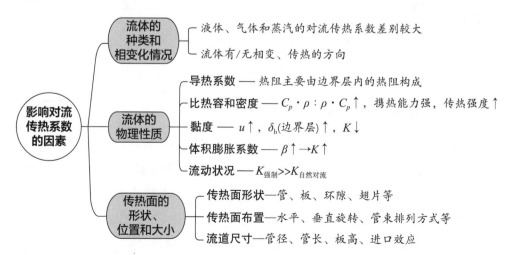

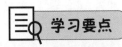

了解知识：流体的各物理性质对于对流传热系数的影响机制。

能够阐明流体的各物理性质对于对流传热系数的影响机制，传热面的形状、位置和大小影响对流传热系数的原因。

训练 5-11

北方的冬天，若室内虽然通着暖气，但温度偏低，你有什么办法能够提高室内温度？

通过对本节后边对流传热过程量纲分析、对流传热系数关联式的学习，会对本节内容有更好的理解。学完之后注意再回来体会影响对流传热系数的各因素。

5.5.2 对流传热过程的量纲分析

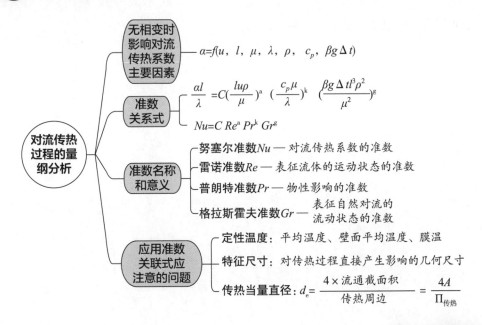

学习要点

基本概念：努塞尔准数、普朗特准数、格拉斯霍夫准数、定性温度、特征尺寸、传热当量直径。

重点知识：努塞尔准数、普朗特准数、格拉斯霍夫准数的意义。

了解知识：量纲分析确定对流传热系数准数关联式的方法，努塞尔准数、普朗特准数、格拉斯霍夫准数的定义。

能够阐明努塞尔准数、普朗特准数、格拉斯霍夫准数的意义，能够区分流动当量直径和传热当量直径，并进行相应计算。

训练 5-12

套管式换热器的内管内径和外径分别是 25mm 和 32mm，外管的内径和外径分别是 50mm 和 65mm，分别求出夹套流量的流动当量直径 d_e 和传热当量直径 d_e'。

学习提示

本节主要了解量纲分析法在获取对流传热系数准数关联式中的应用，注意关联式中使用的定性温度和特征尺寸常用的取法。

5.5.3 流体无相变时的对流传热系数（管内）

 **知识结构图**

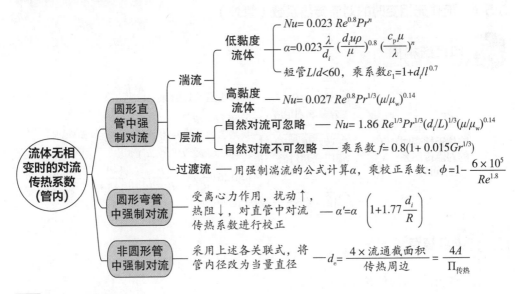

 学习要点

重点知识：对流传热系数的计算。

了解知识：热流方向对对流传热系数的影响。

能力训练

能根据不同的应用场景，选择合适的关联式计算对流传热系数。

训练 5-13

用 $\phi 25mm \times 2.5mm$ 的钢管将水从 20℃加热到 90℃，已知管长 8m，水的流速为 0.5m/s，试分别计算水在入口和出口的对流传热系数。

学习提示

（1）对流传热系数计算时，需要根据应用条件选择合适的关联式，并注意相应的定性温度和特征尺寸。

（2）注意对流传热系数与管径的关系，把雷诺数中的管径移出，可以得到：

$$\alpha = 0.023\lambda \frac{u^{0.8}}{d_i^{0.2}} \left(\frac{\rho}{\mu}\right)^{0.8} \left(\frac{c_p\mu}{\lambda}\right)^n$$

可见 α 与 $1/d_i^{0.2}$ 成正比。

5.5.4 流体无相变时的对流传热系数（管外）

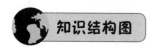 **知识结构图**

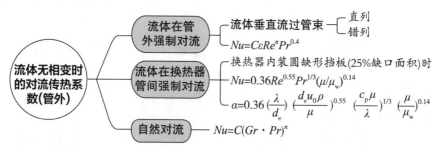

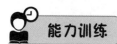 **学习要点**

重点知识：对流传热系数的计算。

了解知识：管束的排列方式、管束特征尺寸的选取、当量直径的计算。

能力训练

能根据实际需求，选取合适的关联式对流体在管束外强制对流以及自然对流时的对流传热系数进行计算。

训练 5-14

用水平放置的水蒸气管加热油罐中的重油。已知重油的温度为 20℃，蒸气管外壁温度按 120℃计，管外径为 50mm。已知 70℃时的重油物性数据如下：$\rho=900kg/m^3$，$\lambda=0.175W/(m\cdot℃)$，比热容为 1.88 kJ/(kg·℃)，$\mu=1.8\,Pa\cdot s$，$\beta=3\times10^{-4}℃^{-1}$，试求水蒸气管对重油的传热量 [kJ/(m²·h)]。自然对流时，$Nu=C(Gr\cdot Pr)^n$。其中，C、n 取值见表 5.2。

表 5.2　C、n 取值表

$Gr\cdot Pr$	C	n
$1\times10^{-3}\sim5\times10^2$	1.18	1/8
$5\times10^2\sim2\times10^7$	0.54	1/4
$2\times10^7\sim1\times10^{13}$	0.153	1/3

 **学习提示**

运用关联式计算对流传热系数时，注意相应的定性温度和特征尺寸。

5.5.5 蒸汽冷凝的对流传热

 **知识结构图**

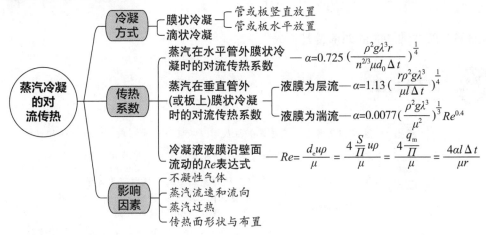

 **学习要点**

基本概念： 膜状冷凝、滴状冷凝。

重点知识： 蒸汽冷凝时对流传热系数的影响因素。

了解知识： 膜状冷凝时当量直径的计算、对流传热系数的计算。

能力训练

能够对冷凝过程进行分析并给出强化冷凝过程的建议，能选取合适的关联式进行蒸汽冷凝时对流传热系数的计算。

训练 5-15

蒸汽是工业上最重要的热源，通过调节蒸汽的压力，可以很方便地控制蒸汽的温度。蒸汽一般都通过锅炉产生，补给水在加入锅炉之前，一般都要先对补给水进行软化和高温脱气。结合本节所学知识，请你分析一下，高温脱气除了可以减少补给水中的氧对锅炉和管路的腐蚀之外，还有什么作用？

学习提示

虽然滴状冷凝的传热系数要比膜状冷凝高很多，但限于技术，壁面的亲疏水性在运行一段时间后会逐渐改变，使壁面由初始的不被凝液浸润变成被凝液浸润，导致壁面的冷凝由滴状冷凝转化为膜状冷凝，因此，工业上的冷凝器设计总是按膜状冷凝处理。

冷凝时的对流传热系数考核不多，应能根据应用情况选择合适的关联式进行计算，注意定性温度和冷凝液的雷诺数计算。

5.5.6 液体沸腾时的对流传热

知识结构图

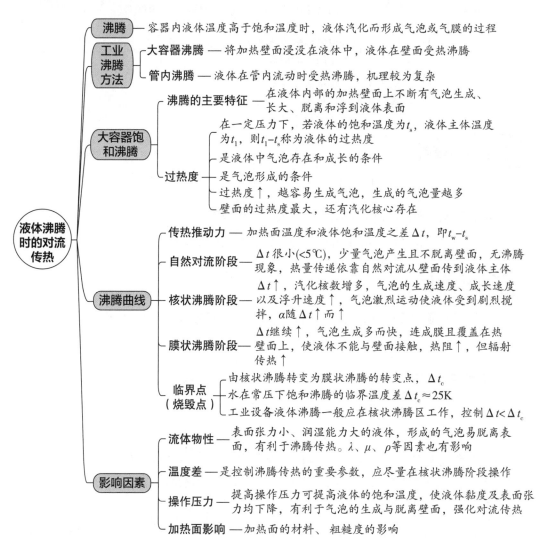

基本概念： 沸腾、大容器沸腾、管内沸腾、过热度、沸腾曲线、核状沸腾、膜状沸腾。

重点知识： 沸腾传热过程的三个阶段、沸腾曲线（见图5.5）。

了解知识： 沸腾传热的影响因素。

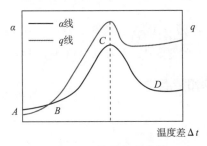

图 5.5 液体的沸腾曲线

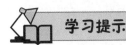

能够结合沸腾曲线、沸腾传热的影响因素，对沸腾传热过程进行分析与强化。

训练 5-16

工业生产中，蒸发器的设计和操作应控制在什么阶段？传热温差过高或过低有什么影响？除了温度差的控制，你认为还有什么方法可以对沸腾传热过程进行强化？

学习提示

（1）液体沸腾传热过程的三个阶段中，对流传热系数和热通量随温差的变化特点要结合传热面的气泡情况进行理解。

（2）随着温差的增加，膜状沸腾的对流传热系数虽然不如泡状沸腾时的临界沸腾传热系数大，但传热量却可超过泡状沸腾的临界热通量，这是较高的温度下辐射传热较大增加所致。但这种情况下的传热一般不可取，主要是由于较高的温差下，壁温过高，大部分金属材料不耐受这种较高的温度。

5.6 辐射传热

本节教学视频

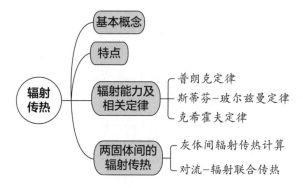

5.6.1 辐射的基本概念和特点

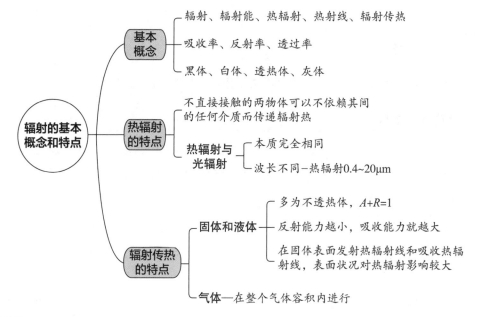

学习要点

基本概念：辐射、辐射能、热辐射、热射线、辐射传热、吸收率、反射率、透过率、黑体、白体、透热体、灰体。

重点知识：热辐射的吸收、反射和透过率。

了解知识：辐射传热的本质和特点。

能力训练

能选取合适的关联式进行蒸汽冷凝时对流传热系数的计算。

学习提示

辐射的概念较多，需要多看。

5.6.2 物体辐射能力的三个相关定律

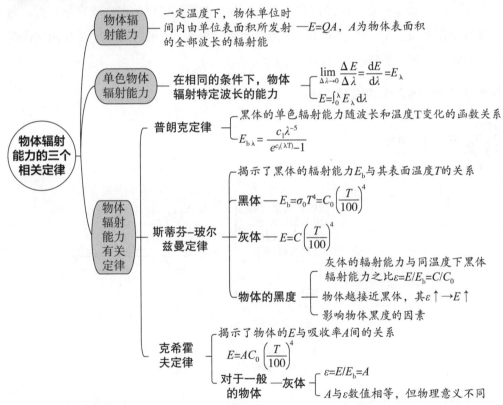

学习要点

基本概念： 辐射能力、单色辐射能力。

重点知识： 斯蒂芬 – 玻尔兹曼定律。

了解知识： 普朗克定律、克希霍夫定律。

能够对生产与生活中的辐射传热过程进行分析与计算。

训练 5-17

温度分别为300℃和200℃的两灰体间进行辐射传热，现因某种原因，两者的温度各下降了10℃，试计算此时的辐射传热量是原来的多少倍。

斯蒂芬-玻尔兹曼定律经常会被用于一些辐射传热过程的定性或定量分析。与物体辐射能力有关的三个定律是辐射相关计算的基础，可通过后续学习和例题讲解加深对这三个定律的理解和提高运用能力。

5.6.3 两固体之间的辐射传热

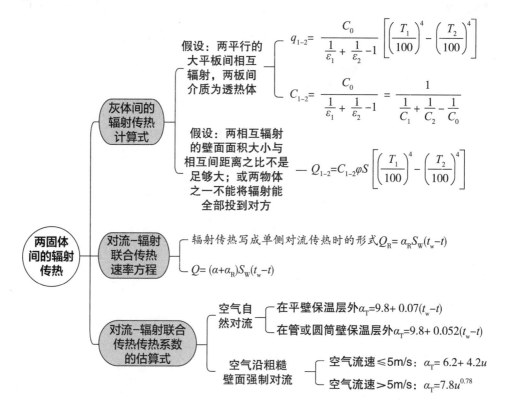

学习要点

重点知识： 灰体间的辐射传热、影响辐射传热的主要因素、辐射传热的计算。

了解知识： 辐射传热的计算式（灰体间有限传热面积时）的应用条件见表 5-3。

表 5.3 φ 值与 C_{1-2} 的计算式

序号	辐射情况	面积 S	角系数 φ	总辐射系数
1	极大的两平行面	S_1 或 S_2	1	$C_0/\left(\dfrac{1}{\varepsilon_1}+\dfrac{1}{\varepsilon_2}-1\right)$
2	面积有限的两相等的平行面	S_1	$<1^*$	$\varepsilon_1\varepsilon_2 C_0$
3	很大的物体2包住物体1	S_1	1	$\varepsilon_1 C_0$
4	物体2恰好包住物体1，$S_1\approx S_2$	S_1		$C_0/\left(\dfrac{1}{\varepsilon_1}+\dfrac{1}{\varepsilon_2}-1\right)$
5	在3，4两种情况间	S_1		$C_0/\left[\dfrac{1}{\varepsilon_1}+\dfrac{S_1}{S_2}\left(\dfrac{1}{\varepsilon_2}-1\right)\right]$

能力训练

能运用热辐射相关知识合理选择强化/削弱辐射传热的材料，能够对辐射传热进行简单计算及分析。

训练 5-18

有一高温炉（见图 5.6），炉内温度高达 1000℃以上，炉内有燃烧气体和被加热物体，试定性分析从炉内向外界大气传热的过程。

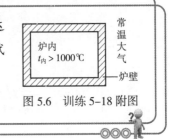

图 5.6 训练 5-18 附图

学习提示

辐射传热的计算和分析要求并不高，但有一定难度，需要大家结合例题去理解公式的意义和应用。

5.7 换热器

换热器是化工厂中最重要的设备之一。根据传热原理和实现热交换的方法，换热器可分为混合式、蓄热式和间壁式，前两种在本章一开始已简单介绍，由于应用场合较少，不进行详细介绍；间壁式换

本节教学视频

热器是化工厂应用最普遍的换热器，此处着重讨论间壁式换热器的结构和优缺点、设计应考虑的问题以及选用和设计计算步骤。

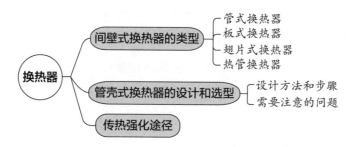

5.7.1 间壁式换热器的类型

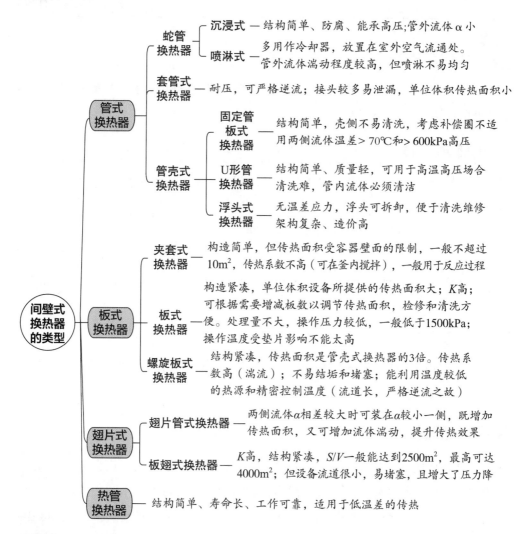

学习要点

重点知识： 换热器的结构特点对其换热性能的影响。

了解知识： 间壁式换热器的几种类型如图 5.7~ 图 5.18 所示，不同间壁式换热器的结构特点和优缺点、换热器的温差补偿措施。

图 5.7 沉浸式蛇管换热器

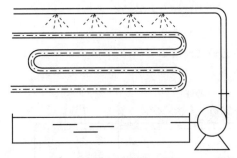

图 5.8 喷淋式蛇管换热器

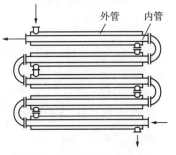

图 5.9 套管式换热器

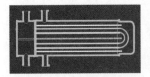

图 5.10 U 形管换热器

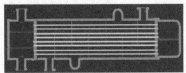

图 5.11 固定管板式换热器

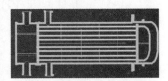

图 5.12 浮头式换热器

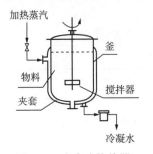

图 5.13 夹套式换热器

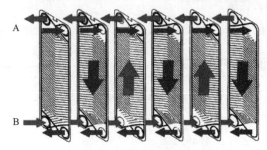

图 5.14 板式换热器

图 5.15 螺旋板式换热器

图 5.16 翅片管式换热器

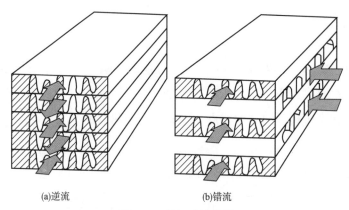

(a)逆流   (b)错流

图 5.17 板翅式换热器

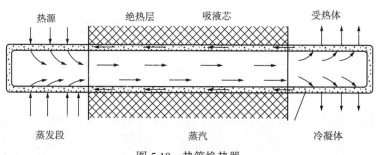

图 5.18 热管换热器

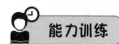

能根据生产需求和冷热流体的物性，选择合适种类的换热器。

训练 5-19

从锅炉炉膛排出的烟气温度较高，为利用烟气的热值，一个常用的做法是用烟气加热锅炉的进水。根据各种换热器的特点，你认为可以选用哪种类型的换热器？

间壁式换热器的种类较多，学习时要重点认识不同换热器的结构特点，结合其特点，就更容易理解换热器的换热性能以及优缺点。

5.7.2 管壳式换热器的设计和选型

 知识结构图

管壳式换热器的设计和选型
- 设计方法和步骤
  - 试算并初选换热器规格
    - ①根据工艺任务，计算热负荷Q
    - ②确定冷热流体流经管程或壳程，逆流或并流，选定u
    - ③确定流体在换热器两端的温度，计算Δt_m：先按单壳程多管程计算，如果$\phi<0.8$，应增加壳程数
    - ④依据经验选取K，估算S
    - ⑤由u和q估算单管程的管子根数n，由n和估算的S，估算管子长度L，再由系列标准选适当型号的换热器
  - 计算管程和壳程的压降
    - 计算流速u、Δp，检查计算结果是否合理或满足工艺要求
    - 不满足，需调整流速，再确定管程数和折流板间距；或选择不同规格的换热器——校核合格为止
  - 校验K——计算管程和壳程的α，确定垢阻，求出K，$K'/K=1.15\sim1.25$合适，否则重新估算
  - 重新计算S——根据K和Δt_m，计算S，并与选定的换热器相比，应有10%~25%的裕量
- 需要注意的问题
  - 管程或壳程选择原则：传热效果好、结构简单、清洗方便
    - 管程——不清洁或易结垢、有腐蚀性、压力高的流体
    - 壳程——饱和蒸气、需冷却、黏度大或流量小的流体
  - 流速
    - 流速大，节省设备费，但阻力损失加大，运行费用高
    - 经济权衡，要避免层流
  - 流体两端温度的确定
    - 水量↓，t_2↑；水量↑，S↓
    - 冷却水进出口Δt可取5~10℃
  - 换热器中管子的规格和排列方式——正三角形、正方形直列、正方形错列
  - 管程和壳程数的确定
    - 管理↑，u↑，h_f↑，动力性↑
    - 温度差校正系数<0.8，可采用多壳程
  - 折流挡板——增加壳程流体的湍动程度
  - 外壳直径——对浮头式换热器，壳体的内径应等于或稍大于管板的直径
  - 主要附件——封头、缓冲挡板等

学习要点

重点知识：换热器的设计中流体流径的选择。

了解知识：换热器设计时应考虑的问题、换热器的设计步骤。

能根据生产需求，结合换热器设计的注意事项，对换热器进行选型和设计。

训练 5-20

采用管壳式换热器，用循环冷却水（30℃）将精馏塔顶的甲醇蒸气（65℃）冷凝成液体甲醇，两相如何选择壳程和管程？壳程是否需要加折流挡板？注意循环冷却水有一定的结垢和腐蚀倾向。

要了解换热器设计的步骤；对换热器设计中需要注意的问题，要理解采取相应措施的依据。

5.7.3 传热的强化途径

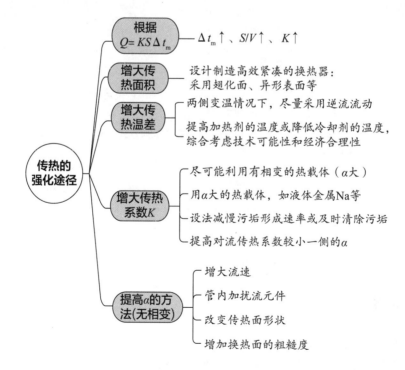

学习要点

重点知识： 传热强化的途径。

了解知识： 提高对流传热系数的方法。

能力训练

能根据实际情况，分析换热器传热的瓶颈，并提出强化传热的方法。

训练 5-21

图 5.19 为冷、热流体通过两层厚度相等的串联平壁进行传热时的温度分布曲线（定态传热过程），请问：

（1）两平壁的热通量哪个大？为什么？热阻呢？

（2）间壁两侧的对流传热系数哪个大？为什么？

（3）现拟在一侧平壁上加装翅片以强化传热过程，应装在哪一侧？

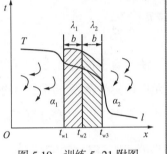

图 5.19 训练 5-21 附图

学习提示

传热的强化途径，根据传热的计算公式 $Q=KS\Delta t_m$，即可知道应该从传热系数、传热面积和平均温差着手。增大传热面积和平均温差的手段好理解，增大传热系数的方法也好理解，难点在于某些条件下如何判断传热系数小（也即热阻大）的一侧。如上例题中，温差大的一侧其实对流系数小（为什么？）；还有传热过程中若壁温接近某一侧流体，则另一侧流体的对流传热系数更低。

名师答疑

6. 蒸发

本章教学课件

　　使含有不挥发溶质的溶液沸腾汽化并移出蒸汽，从而使溶液中溶质浓度提高的单元操作称为蒸发，所采用的设备称为蒸发器。本章主要介绍单效蒸发和多效蒸发的基本原理，以及蒸发器的基本结构和工作原理。具体需要解决以下问题：

- 如何根据溶液性质和蒸发任务要求选择适宜类型的蒸发器？
- 如何计算蒸发器的加热蒸汽耗量、传热面积、蒸发量等特征参数？
- 如何确定多效蒸发流程的具体类型和最佳效数？

6.1 蒸发概述

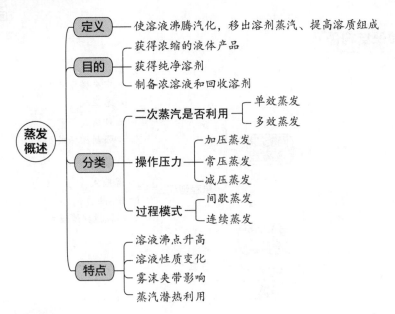

蒸发概述
- 定义 —— 使溶液沸腾汽化，移出溶剂蒸汽、提高溶质组成
- 目的
  - 获得浓缩的液体产品
  - 获得纯净溶剂
  - 制备浓溶液和回收溶剂
- 分类
  - 二次蒸汽是否利用
    - 单效蒸发
    - 多效蒸发
  - 操作压力
    - 加压蒸发
    - 常压蒸发
    - 减压蒸发
  - 过程模式
    - 间歇蒸发
    - 连续蒸发
- 特点
  - 溶液沸点升高
  - 溶液性质变化
  - 雾沫夹带影响
  - 蒸汽潜热利用

学习要点

基本概念：生蒸汽、二次蒸汽、原料液、完成液、单效蒸发、多效蒸发、加压蒸发、减压蒸发。

重点知识：蒸发操作的定义和目的，减压蒸发的优缺点。

能力训练

能够根据蒸发料液的性质初步选择加压、减压或常压操作。

训练 6-1

制药废水蒸发过程容易受热结垢，该过程宜采用加压、减压还是常压操作？

学习提示

注意蒸发过程与传热过程的区别，由于蒸发过程涉及加热蒸汽冷凝释放潜热，所以会消耗大量热量。另外原料液浓度提高后黏度发生变化，且会伴随结垢、结晶现象，使蒸发与传热在工艺流程和设备结构上存在差异。

6.2　蒸发设备

本节教学视频

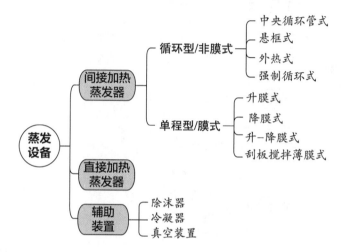

基本概念：膜式蒸发器、非膜式蒸发器、直接加热蒸发器。

重点知识：不同类型蒸发器的结构特征和工作原理，膜式蒸发器、非模式蒸发器和直接加热蒸发器的适用场合。

了解知识：除沫器的基本结构和工作原理。

能力训练

能够根据蒸发任务和溶液性质选择适宜类型的蒸发器。

训练 6-2

　　生产果汁浓缩汁常采用真空、降膜蒸发工艺，将料液从蒸发器顶部加入，在加热管内壁呈膜状向下流动，将气液混合物从下端引到气液分离器中分离，得到完成液。试结合果汁的物料特点，分析这种蒸发工艺的优点和需要注意的问题。

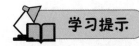

学习提示

对照示意图理清不同类型蒸发器的基本结构和工艺特征。膜式蒸发器和非膜式蒸发器的加热室为间壁式换热器,二者均属于间接加热蒸发器,直接加热蒸发器则直接将高温燃烧气通入原料液使溶剂蒸出。

6.3 单效蒸发

本节教学视频

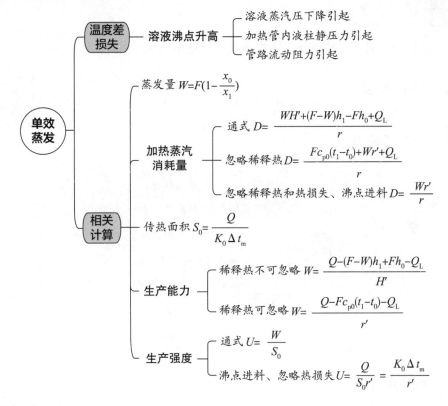

学习要点

基本概念:温度差损失、蒸发量、加热蒸汽耗量、单位蒸汽耗量、生产能力、生产强度。

重点知识:温度差损失的原因和计算,基于物料衡算计算蒸发量,基于热量衡算计算加热蒸汽消耗量和传热面积。

能力训练

能够针对特定的蒸发过程鉴别温度差损失，计算蒸发量、加热蒸汽消耗量和传热面积。

训练 6-3

某常压单效蒸发器的生蒸汽温度为 120℃，溶液沸点为 108℃，则有效温差和温差损失是多少？

学习提示

通过练习题目掌握蒸发量、加热蒸汽消耗量和传热面积的计算方法。

6.4 多效蒸发

知识结构图

本节教学视频

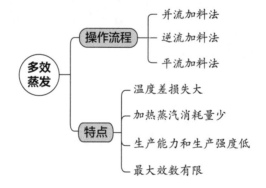

学习要点

基本概念：并流加料法、逆流加料法、平流加料法。

重点知识：并流、逆流、平流加料法的工艺特点和适用场合，多效蒸发在温度差损失、经济效益、生产能力等方面的特点。

能力训练

能够根据多效蒸发的工艺特点，及与单效蒸发相比的区别。

训练 6-4

为了浓缩某种黏度随浓度和温度变化较大的溶液，应采用何种蒸发流程？

学习提示

多效蒸发可以降低加热蒸汽消耗量，但是需要设置多个蒸发器，且加热蒸汽和料液需在蒸发器之间流动，因此，提高设备费和动力能耗，多效蒸发的实际效数需要综合权衡后确定。

名师答疑

7. 传质过程基础

本章教学课件

传质是自然界和工程领域普遍存在的现象，一个体系中只要有化学势差（浓度差、压力差、电位差等）就会有质量传递现象。根据此特点，工程领域利用混合物中各组分性质的不同，创造传质条件，将混合物进行提浓或者分离。

知识结构图

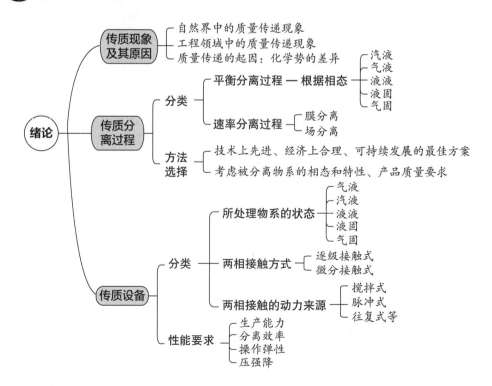

传质过程基础的主要内容是后续章节学习和计算的基础。化工分离过程分离的对象是混合物，均由两种或者两种以上组分组成，混合物组成的表示方式和各种表示方式之间的换算是后续各单元正确计算的基础。

混合物分离的本质是质量传递（又称传质），常用传质速度、传质通量和质量传递的基本方式来描述这一过程。传质过程有分子传质和对流传质。分子在气体、液体中进行传质时有两种典型模型，要注意理解复杂化工过程如何建立物理模型，并用质量传递基本方程建立数学模型和求解；对流传质侧重介绍了传质机理、浓度边界层和对流传质速率的求解方法、两相间的对流传质模型。

通过本章学习，需要解决以下实际问题：

- 对任一混合物，如何将各组分组成表达出来？不同表达式之间如何转换？
- 在多组分系统的传质过程中，各组分的速度和传质通量如何表达？
- 对于单一相中的质量传递过程，如何对这一过程进行分析，建立物理模型和数学模型？并求解传质过程的浓度分布和传质量？
- 对于稳态分子传质，传质通量是多少？沿着传质方向上的浓度如何变化？
- 两相间的对流传质过程如何研究其传质过程？如何建模和计算？

7.1 传质概论

本节教学视频

传质概论讲述了混合物分离所涉及的传质过程的必备基础：混合物中各组分的组成如何表达，传质的快慢以及遵循的基本原理。本节知识结构如下：

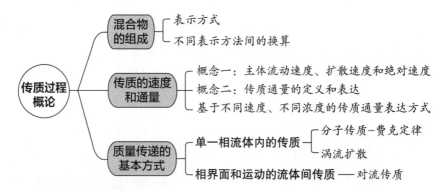

7.1.1 混合物组成的表示方式

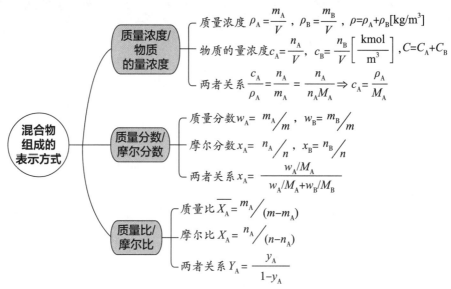

学习要点

基本概念：质量浓度、质量分数、质量比、摩尔浓度、摩尔分数、摩尔比。

重点知识：混合物组成基于质量基准和摩尔基准的数学表达式，不同表达式之间的换算公式。

能力训练

能够对混合物的组成用不同方式表达，并且能够对不同表示方式进行换算。

 **训练 7-1**

在标准状况下，SO₂ 在空气中的质量浓度为 $100mg/m^3$，其质量分数是多少？摩尔分数是多少？质量比和摩尔比分别是多少？

 学习提示

熟记公式，注意单位，多做题练习，熟能生巧。

7.1.2 传质的速度与通量

知识结构图

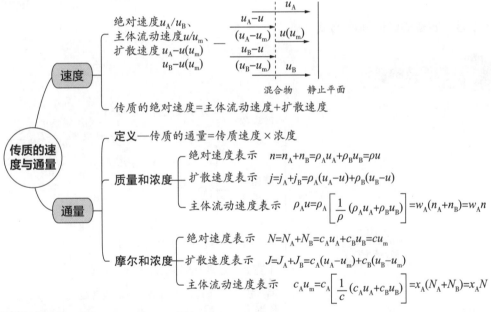

学习要点

基本概念：绝对速度、主体流动速度、扩散速度、传质通量。

重点知识：（1）掌握三种传质速度的内涵，以及相互之间的关系。

（2）掌握传质通量的表达式。

 **能力训练**

能够计算多组分传质系统中各组分的传质速度和传质通量。

训练 7-2

训练 1-1 中，在标准状况下，SO_2 在空气中的质量浓度为 $100mg/m^3$，如果空气以 1.5m/s 的速度做稳态流动，其中 SO_2 的流速为 1.6m/s，假设空气中除 SO_2 以外的气体流速都相同，试求（1）其他气体的流速；（2）分别以绝对速度、相对速度表示的 SO_2 的质量通量和摩尔通量。

 学习提示

理解绝对速度、主体流动速度和扩散速度是掌握传质通量计算的关键。理解不同速度下的传质通量是理解后续菲克（Fick）第一定律表达式的基础。只要掌握了浓度和速度表达式，虽然通量有多种表达方式，但很容易写出来。

7.1.3 质量传递的基本方式

 知识结构图

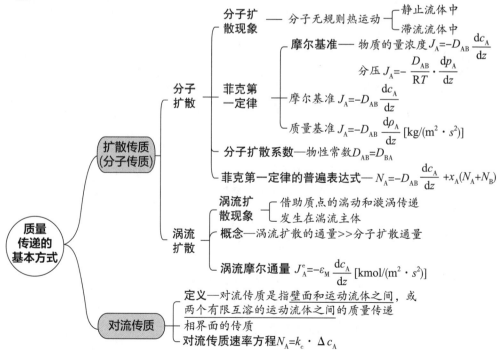

学习要点

基本概念：分子扩散传质、涡流扩散、对流传质、菲克定律。

重点知识：掌握菲克第一定律表达式及其普遍表达式，理解含义。

理解涡流扩散通量远远大于分子扩散通量。

了解知识：涡流扩散的通量表达式和对流传质速率方程通式。

 能力训练

对于生活或生产中的传质现象，能够判断传质的类型，并根据菲克定律计算分子扩散通量。

训练 7-3

（1）在常温常压下，一支试管底部装有乙醇，乙醇和试管顶部距离远大于试管直径，试管顶部有空气缓缓吹过；

（2）抽油烟机将锅中的油烟抽走，油烟向外扩散；

（3）NH_3–水溶液与一种和水不互溶的有机液体接触，两相均不流动，NH_3 自水相向有机相扩散。

试判断上述 3 种情况分别属于哪一种传质方式（分子扩散、涡流扩散、对流传质）。

学习提示

分子扩散和涡流扩散与热传导、热对流具有相似性，对流传质和对流传热具有相同本质，在学习中要注意比较它们之间的相似点。菲克定律和牛顿黏性定律、傅里叶定律本质上都是由分子热运动引起的，在公式结构上也具有相似性，它们分别代表质量传递、动量传递和热量传递的规律，认真对比"三传"的相似性和不同。

7.2 传质微分方程

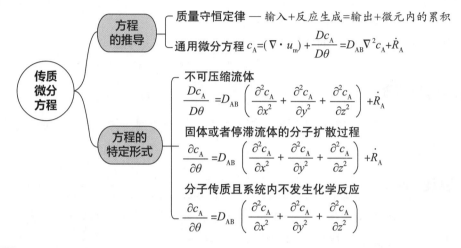

方程的推导 —— 质量守恒定律 —— 输入+反应生成=输出+微元内的累积

通用微分方程 $c_A = (\nabla \cdot u_m) + \dfrac{Dc_A}{D\theta} = D_{AB}\nabla^2 c_A + \dot{R}_A$

传质微分方程

方程的特定形式

不可压缩流体

$$\frac{Dc_A}{D\theta} = D_{AB}\left(\frac{\partial^2 c_A}{\partial x^2} + \frac{\partial^2 c_A}{\partial y^2} + \frac{\partial^2 c_A}{\partial z^2}\right) + \dot{R}_A$$

固体或者停滞流体的分子扩散过程

$$\frac{\partial c_A}{\partial \theta} = D_{AB}\left(\frac{\partial^2 c_A}{\partial x^2} + \frac{\partial^2 c_A}{\partial y^2} + \frac{\partial^2 c_A}{\partial z^2}\right) + \dot{R}_A$$

分子传质且系统内不发生化学反应

$$\frac{\partial c_A}{\partial \theta} = D_{AB}\left(\frac{\partial^2 c_A}{\partial x^2} + \frac{\partial^2 c_A}{\partial y^2} + \frac{\partial^2 c_A}{\partial z^2}\right)$$

学习要点

基本概念：不可压缩流体。

重点知识：质量守恒定律的衡算式、对任一微元能够理解进出这一微元的质量流量表达式。

了解知识：不同情况下的传质微分表达式。

能力训练

对任一传质微元，能够写出进出微元的质量流量表达式，并能写出其物料衡算式。能够根据传质微元方程分析体系所处的环境（条件）。

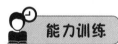

假设有一混合物在如图 7.1 所示微元中传质，质量为 ρ，速度为 u。混合物中组分 A 的质量流量为 ρ_A，速度为 u_A。请写出组分 A 沿着 x 方向流入和流出微元的质量速率。

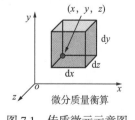

微分质量衡算

图 7.1 传质微元示意图

了解物料衡算式的来源。推导在不同条件下的传质微分方程是数学手段，可以重新查找高等数学中相关知识学习。

7.3 分子传质（扩散）

由于分子扩散所引起的质量传递称为分子传质，也称为分子扩散。按照扩散介质的不同，可以分为气体中的扩散、液体中的扩散和固体中的扩散。本节重点讨论气体中和液体中的扩散，分子在这两种介质中的扩散都遵循费克定律普遍表达式，其物理模型、数学模型以及通过模型求解获得的扩散通量方程和浓度分布方程方法都相似。

本节总的知识结构图如下。

本节教学视频

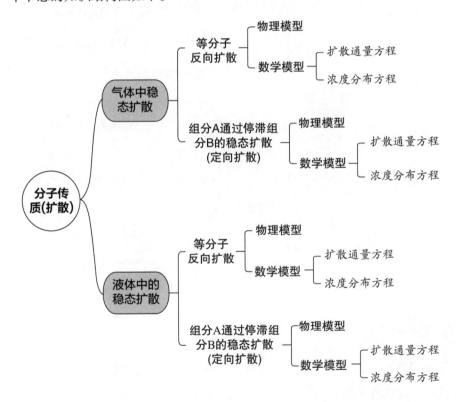

7.3.1 气体中的稳态扩散

7.3.1.1 组分 A 通过停滞组分 B 的稳态扩散（定向扩散）

 知识结构图

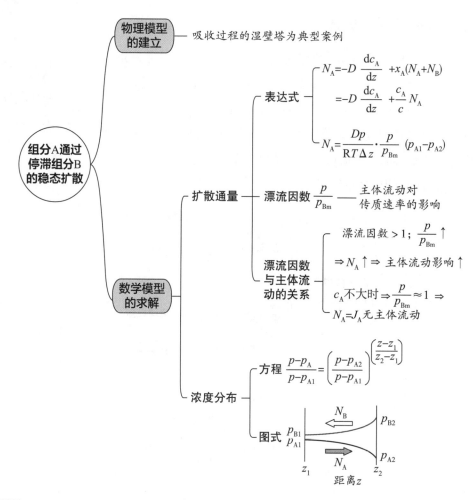

组分A通过停滞组分B的稳态扩散

物理模型的建立 —— 吸收过程的湿壁塔为典型案例

数学模型的求解

扩散通量

表达式

$$N_A = -D\frac{dc_A}{dz} + x_A(N_A + N_B)$$
$$= -D\frac{dc_A}{dz} + \frac{c_A}{c}N_A$$

$$N_A = \frac{Dp}{RT\Delta z} \cdot \frac{p}{p_{Bm}}(p_{A1} - p_{A2})$$

漂流因数 $\dfrac{p}{p_{Bm}}$ —— 主体流动对传质速率的影响

漂流因数与主体流动的关系

漂流因数 > 1；$\dfrac{p}{p_{Bm}}\uparrow$

$\Rightarrow N_A\uparrow \Rightarrow$ 主体流动影响 $\uparrow$

c_A不大时 $\Rightarrow \dfrac{p}{p_{Bm}}\approx 1 \Rightarrow$

$N_A = J_A$无主体流动

浓度分布

方程 $\dfrac{p - p_A}{p - p_{A1}} = \left(\dfrac{p - p_{A2}}{p - p_{A1}}\right)^{\left(\frac{z - z_1}{z_2 - z_1}\right)}$

图式

距离z

📖 学习要点

基本概念：气相中一个组分通过另一个停滞组分扩散（定向扩散）、漂流因数、主体流动、湿壁塔（图 7.2）。

重点知识：实际扩散过程的物理模型的建立（图 7.3）、漂流因数与主体流动的关系、定向扩散，通过数学模型求传质通量和浓度分布的方法。

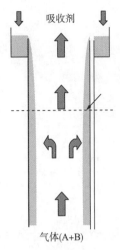

吸收剂

气体(A+B)

图 7.2 湿壁塔中的气体和液体
（吸收剂）的流动和接触方式

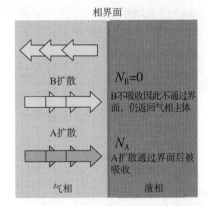

相界面

B扩散

$N_B=0$
B不吸收因此不通过界面，仍返回气相主体

A扩散

N_A
A扩散通过界面后被吸收

气相　　　　　液相

图 7.3 气液接触时气体侧扩散的物理模型

了解知识：了解浓度分布方程的推导过程。

 能力训练

能够对实际的分子扩散过程建立物理模型和数学模型。

训练 7-5

　　在常温常压下，一支试管底部装有乙醇，乙醇和试管顶部距离远大于试管直径，试管顶部有空气缓缓吹过，对这一传质过程建立物理模型和数学模型。

 学习提示

　　模型的建立和理解对于扩散过程非常重要，要仔细体会模型所对应的实际案例中 A、B 组分的运动情况。

　　扩散通量的表达式就是菲克定律和菲克定律普遍表达式的具体应用。

　　后续气相中等分子反向扩散、液相中扩散过程的学习提示与此节相同。

7.3.1.2　等分子反向扩散

知识结构图

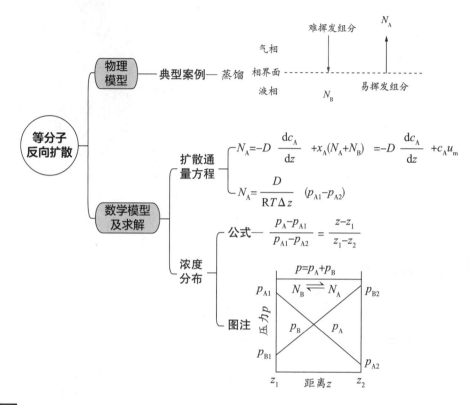

学习要点

基本概念：等分子反向扩散。

重点知识：实际扩散过程物理模型的建立、扩散通量方程、浓度分布规律。

了解知识：了解等分子反向扩散的浓度分布方程的推导过程。

能力训练

能够对实际的分子扩散过程建立物理模型和数学模型。

训练 7-6

屋里打开窗户换气过程的物理模型和数学模型。

7.3.2 液体中的稳态扩散

 **知识结构图**

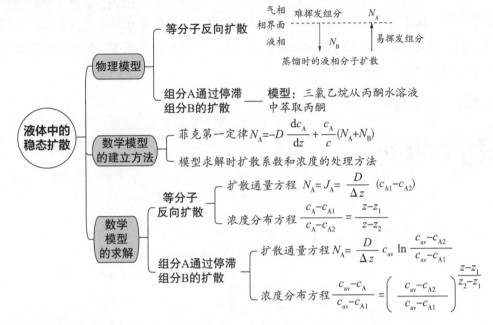

 **学习要点**

重点知识： 液体中分子扩散的特点及溶液浓度特点，液体中稳态扩散和气体中稳态扩散的异同点，等分子反向扩散的模型。

了解知识： 液相中扩散过程的简化处理方法。

能力训练

能识别液相中稳态扩散属于哪类扩散过程，并能够根据相应的模型进行计算。

┏ **训练 7-7** ┓

　　在三氯乙烷从丙酮－水溶液中萃取丙酮的过程中，丙酮从水中扩散到水－三氯乙烷相界面并进入三氯乙烷溶剂中，假设三氯乙烷和丙酮都静止不动，水只能扩散到相界面。分析三氯乙烷的扩散过程属于哪类分子传质过程？

学习提示

分子在液体中传质的物理模型建立、数学模型建立以及求解方法和分子在气体中方法相同，只是在稳态扩散时，气体中的扩散系数 D 及总浓度 c 均为常数，求解更加方便，而液体中的扩散系数则随着浓度而变，且总浓度在整个液相中也并非到处一致。因此，扩散通量的求解就很困难。在本节方程式中扩散系数和总浓度都是以平均值代替的。

7.3.3　传质系数

知识结构图

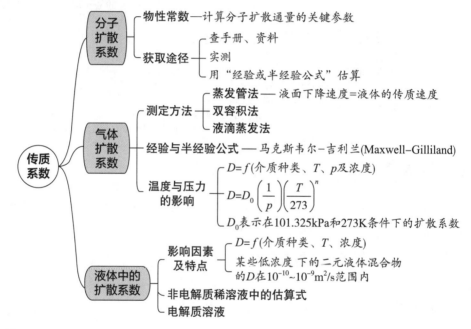

学习要点

重点知识：扩散系数的获取途径、气体扩散系数的实验测定方法。

了解知识：经验或半经验公式估算式，对气体扩散系数和液体扩散系数的范围有工程概念。

能力训练

能够通过查阅文献资料获得所需物质的扩散系数。

训练 7-8

分别查阅醋酸在稀水溶液中的扩散系数和氢气在甲烷中的扩散系数。

学习提示

传质系数的获得在工程计算中非常重要，要练习从各种手册中查找，或者能够设计实验进行测量，因此要理解实验测定方法的原理。

7.4 对流传质机理和模型

本节教学视频

对流传质机理和模型

- 对流传质类型
  - 按相界面分类
    - 固定界面
    - 流动界面
  - 按流体流动产生的原因分类
    - 自然对流传质
    - 强制对流传质
      - 强制层流传质
      - 强制湍流传质

- 对流传质机理
  - 层流内层——分子扩散–费克定律
  - 过渡区——分子扩散+涡流扩散
  - 湍流主体——涡流扩散>>分子扩散

- 浓度边界层和对流传质系数
  - 浓度边界层的定义
    - 流体流过平板表面进行质量传递时，在板壁面附近存在一层有浓度梯度的流体，该层流体被定义为浓度边界层
    - 从固体表面到 $0.99C_{A0}$(主体浓度)处浓度梯度方向的距离为浓度边界层的厚度，记为 δ_b
  - 对流传质系数 $k_c = \dfrac{D}{c_{As}-c_{Ab}} \dfrac{dc_A}{dy}\bigg|_{y=0}$
  - 对流传质系数的求解方法
    - 从对流传质系数微分式求积分式
    - 实际过程抽象简化的模型法

- 相际间的对流传质模型
  - 双膜理论/模型(停滞膜模型)
    - 模型假设
      - 当气液两相接触时，在气液两相间存在着稳定的相界面，界面上气液两相处于平衡状态
      - 界面两侧各有一个很薄的停滞膜：气膜层和液膜层。膜层中溶质的传质方式为分子扩散
      - 气膜或液膜外的气液两相主体为湍流，各处浓度均匀一致，即阻力≈0
    - 对流传质系数
      - 等分子反向扩散
      - 组分A通过停滞组分B的扩散
  - 溶质渗透理论
    - 模型假设
    - 对流传质系数 $k_{cm} = \sqrt{\dfrac{4D'}{\pi\theta_s}}$
  - 表面更新理论
    - 模型假设
    - 对流传质系数 $k_s = \sqrt{D's}$

学习要点

基本概念：对流传质、对流传质机理、浓度边界层、双膜理论（模型）（见图7.4）、溶质渗透模型、表面更新模型。

重点知识：对流传质机理、对流传质系数的求解方法、双膜理论。

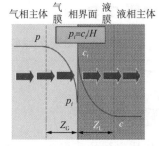

图 7.4　双膜理论（模型）的示意图

等分子反向扩散过程：$N_A = \dfrac{D}{RTZ_a} = (P_{Ab} - P_{Ai}) = k_a^o (P_{Ab} - P_{Ai})$

$$k_a^o = \frac{D}{RTZ_a}$$

组分 A 通过停滞带组分 B 的扩散：$N_A = \dfrac{DP}{RTZ_a P_{B-1}} = (P_{Ab} - P_{Ai}) = k_a^o (P_{Ab} - P_{Ai})$

$$k_a^o = \frac{DP}{RTZ_a P_{B-1}}$$

能力训练

能将实际传质过程建模。

训练 7-9

　　由矿石焙烧炉出来的气体含有9%（摩尔分数）的 SO_2，炉气中其余气体可以视为惰性气体（其性质可视为与空气相同）。炉气进入填料吸收塔用纯水吸收 SO_2，请用双膜理论分析并绘制 SO_2 由炉气传质到水中的浓度变化。

学习提示

　　在研究对流传质机理时，剖析流体在固体壁面（界面）流动时的流动状态。流体运动状态不同，传质方式不同。流体和固体壁面（界面）的流动状态分为三个区域：层流内层、过渡区和湍流主体，传质过程也分为这三个区域。分析每个区域特点，层流流动时的传质过程可用菲克定律描述，湍流区可以认为浓度均匀，引入浓度边界层概念解决过渡区层流和湍流同时存在时难以定量的问题。

名师答疑

8. 吸收

本章教学课件

　　吸收是利用混合气体中各组分在液体溶剂（吸收剂）中的溶解度差异，使混合气体中某些易溶组分进入液相形成溶液，不溶或难溶组分仍留在气相，从而实现混合气体分离的单元操作。从传质角度看，气体吸收是混合气体中某些组分在气液相界面上溶解、在气相和液相内由浓度差推动的传质过程。

　　通过本章学习，工程上利用吸收操作分离气体混合物时需要解决以下问题：

- 选择什么样的溶剂（吸收剂），选择的原则是什么？
- 气体在溶剂中最多能溶解多少——吸收的极限是多少？
- 混合气体和含溶质的溶剂相接触，是混合气体中的组分溶解到溶剂中，还是溶剂中的组分向气体中扩散——传质方向和推动力是什么？
- 工业上混合气体的吸收通常在塔设备中完成，那么达到分离要求需要加入多少溶剂？需要多高的塔？塔的直径是多少？
- 混合气体中某一组分被溶剂吸收后形成的吸收液要不要再处理？溶剂要不要回收？

8.1 吸收概述

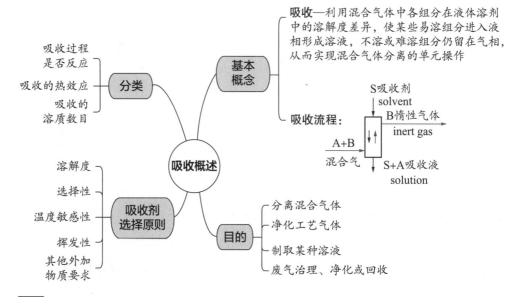

学习要点

基本概念：溶质（或吸收质）、吸收剂、吸收液、惰性气体、溶解度、选择性。

重点知识：吸收原理和流程。

了解知识：气体吸收的分类、气体吸收的目的。

能力训练

（1）能够对任一吸收过程进行分类。

（2）能够针对任一混合气体，根据吸收剂选择原则，选择合适的吸收剂。

（3）能够正确标出进、出塔设备的流股信息。

训练 8-1

　　焦炉气回收氨和苯蒸气所用的吸收剂是什么？（焦炉煤气净化流程参见绪论视频，或者自己查文献）请根据吸收剂的选择原则，说明所选用的吸收剂满足哪些原则？判断这两种吸收过程分别是物理吸收还是化学吸收？

训练 8-2

在 101.33kPa 下用水逆流吸收空气中的氨。已知氨的摩尔分数为10%，混合气体于 40℃ 下进入塔底，体积流量为 0.6m³/s，水的用量为0.4m³/s，氨的吸收率为 90%。请画出吸收过程的示意图并将物料的参数标注在示意图上。

学习提示

本节通过吸收剂选择原则解决了选取怎样的吸收剂的问题，针对具体吸收体系，理解所用吸收剂满足哪些原则。吸收流程是理解吸收过程后续计算的关键，一定要非常熟悉。

8.2 气体吸收的相平衡和应用

吸收属于平衡分离过程，达到相平衡是吸收的极限，而相平衡需要气液两相通过相当长的接触时间后才能建立。相平衡关系和吸收（传质）速率是吸收的两个关键问题。通过相平衡关系可以判断传质方向、限度和推动力。

本节教学视频

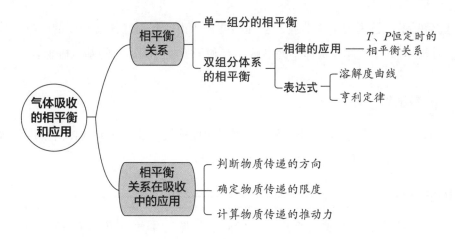

8.2.1 相平衡关系

 **知识结构图**

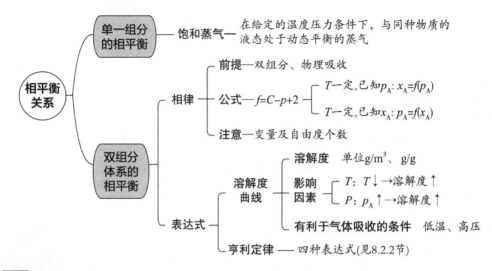

 **学习要点**

基本概念：饱和蒸气、平衡组成、饱和组成、气体在液体中的溶解度、溶解度曲线。

重点知识：读识溶解度曲线，掌握温度和压力变化对气体溶解度的影响，建立高温和低压有利于气体在液体中的溶解，有利于吸收过程进行的基本概念。

 **能力训练**

根据易溶、中等溶解度和难溶气体的溶解度曲线，建立不同气体溶解度量级概念，并能判断任一气体在液体中的溶解能力。

训练 8-3

在常压下，温度为 20℃时，随着溶解气体的分压从 0~120kPa 变化，氨在水中的溶解度为 0~500g/1000g；氧气在水中的溶解度为 0~0.05g/1000g，SO_2 在水溶的溶解度为 0~100g/1000g。这三种物质分别代表易溶气体、溶解度中等和难溶气体。查找 CO_2 的溶解度数据，并说明其属于哪类气体。

双组分体系的相平衡关系受相律的约束，因此，根据相律分析可以推出在温度、压力恒定时，气液相组成有——对应关系，即 $x_A=f(p_A)$ 或者 $p_A=f(x_A)$。后续学习的溶解度曲线和亨利定律就是这一函数关系的具体表现。

8.2.2 相平衡关系的表示方式

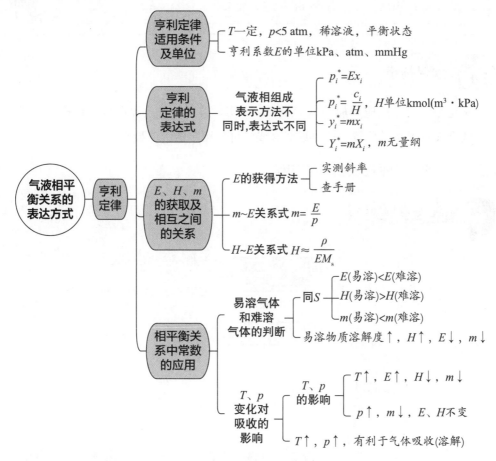

基本概念：理想溶液、理想气体、稀溶液。

重点知识：亨利定律的各种表达式，各表达式系数之间的关系。

对满足亨利定律的任一体系，知道 E、H 和 m 中任一常数，可以熟练计算出其他常数，能够根据 E、H、m 相对大小判断体系难溶还是易溶。当温度、压力变化时，能够知道这些常数如何变化，是否有利于吸收过程的进行。

训练 8-4

在 25℃及总压 101.3kPa 的条件下，用 100g 水溶解 1g 的氨，氨水溶液的相平衡关系为 $p=93.30x$ kPa，请问 E、H 和 m 分别为多少？如果将温度升高到 30℃，E、H 和 m 会怎么变化？

牢记亨利定律的应用前提是稀溶液，在实际应用中要先看前提是否符合。溶解度曲线在靠近原点的位置，曲线近似直线，可以按照稀溶液处理。

8.2.3 相平衡关系在吸收中的应用

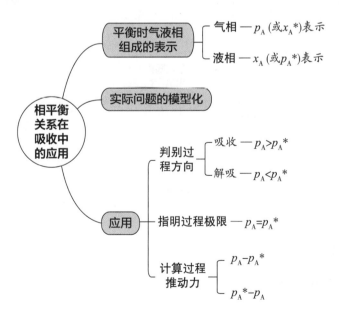

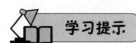

学习要点

基本概念： 平衡时的气相组成、液相组成、过程的方向、过程的极限和过程的推动力。

重点知识： 相平衡时，气、液两相组成的表示方式。当一气相混合物和一液相混合物相接触时，判断其传质的极限、方向和推动力。

能力训练

实际接触的气、液两相，能判断传质的方向和极限，并能计算推动力。

训练 8-5

常压下 $30℃$ 时，CO_2 在水中的亨利系数为 $1.88 \times 10^5 kPa$，含 CO_2 20%（体积分数）的混合气体（由 CO_2 和 N_2 组成）从塔底通过喷啉塔请问如何判断：

（1）吸收过程的极限？

（2）以分压差表示的推动力为多少？

学习提示

（1）气相浓度和液相浓度不能直接比较。当温度、总压一定时，气、液两相达到平衡时，气、液相组成是一一对应的。因此，气、液相平衡时，两相组成的表示方式，对于气相混合物，可以用气相浓度 p_A 表示，也可以用其平衡浓度 x_A* 表示；液相混合物同理可用液相组成 x_A，或者与其呈平衡关系的气相组成表示 p_A*，如图 8.1 所示。

（2）气、液两相接触时，需要先判断两相是否处于相平衡状态；如果不平衡，需要判断哪一相的浓度高，从而推断传质的方向。判断的方法就是利用气、液相平衡关系，将其中一相用其平衡浓度代替，这样同时用气相浓度或者液相浓度比较大小就可以了。

图 8.1 气液相平衡组成关系

8.3 气体吸收速率方程

吸收过程有两个最基本的问题：一是方向和限度，8.2 节解决了这一问题；二是传质快慢，也就是传质速率问题。吸收过程是溶质从气

本节教学视频

相主体传递至气液相界面的气相侧，然后在相界面被液膜吸收，被吸收的溶质从液膜侧相界面传递到液相主体的过程。吸收过程的速率就由这三个串联步骤中速率最慢的步骤决定，对于稳态吸收过程，这三个步骤传质速率相等。吸收过程计算常用模型是双膜理论，根据双膜理论，吸收过程有一个稳定的气膜和液膜，膜内溶质的传质方式是分子扩散，膜外气液两相主体为湍流，浓度处处一致。气液两相接触时存在稳定的相界面，界面上的气液两相处于平衡状态。

8.3.1　气体吸收速率方程

　知识结构图

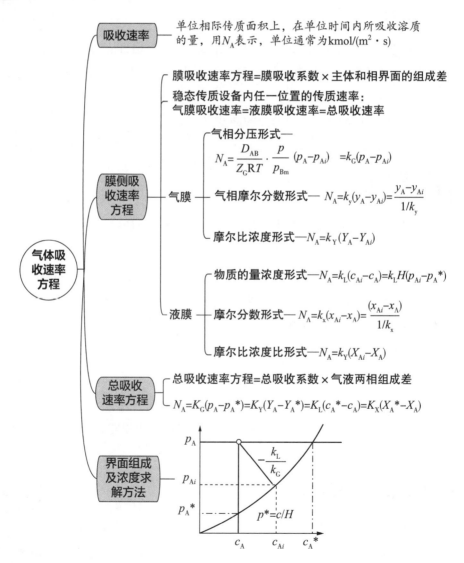

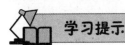

学习要点

基本概念： 吸收速率、膜吸收速率、总吸收速率、吸收速率方程。

重点知识： 不同浓度表达式对应的膜吸收速率方程和总吸收速率方程及对应吸收系数的表达式及含义。

了解知识： 不同浓度表达式对应的膜吸收速率和总吸收速率方程的推导。

能力训练

能够求出吸收塔任一截面处的传质推动力和吸收速率方程，并能分析强化吸收过程的方法。

训练 8-6

填料塔在 101.3kPa 及 20℃下用清水逆流吸收混于空气中的甲醇蒸气。若在操作条件下平衡关系式符合亨利定律。甲醇在水中的溶解度系数 $H=2.0\text{kmol}/(\text{m}^3 \cdot \text{kPa})$，塔内某截面处甲醇的气相分压为 5kPa，液相组成为 $2.1\text{kmol}/\text{m}^3$，液膜吸收系数 $k_\text{L}=2.08\times10^{-5}\text{m/s}$，气相总吸收系数 $k_\text{G}=1.12\times10^{5}\text{kmol}/(\text{m}^2 \cdot \text{s} \cdot \text{kPa})$。请写出该截面处的（1）总传质推动力 Δp，Δx，Δy，（2）膜吸收速率和总吸收速率表达式；（3）从液膜吸收系数的表达式和气膜吸收表达式分析强化液膜、气膜传质速率的方法。

学习提示

（1）牢记"吸收速率 = 吸收系数 × 吸收推动力"，推动力、系数和速率有一一对应关体系，气、液主体组成差是总推动力，对应总吸收速率和总吸收系数；气相/液相主体组成和相界面处组成差为膜吸收推动力，对应气膜/液膜吸收速率和气/液膜吸收系数。

（2）相界面的组成根据在稳态过程中界面上没有组成的累积，因此，气膜传质速率等于液膜传质速率，且界面上气液两相组成符合相平衡关系这两点进行求解。

8.3.2 吸收系数之间的关系

 知识结构图

吸收系数之间的关系

- 总吸收系数之间的关系
  - $(K_y \sim K_G)$: $K_y = K_G p$
  - $(K_x \sim K_L)$: $K_x = c K_L$
  - $(K_Y \sim K_X)$: $K_Y = \dfrac{K_X}{m}$
  - $(K_y \sim K_x)$: $K_y = \dfrac{K_x}{m}$

- 总吸收系数与气膜/液膜吸收系数之间的关系
  - $\dfrac{1}{K_L} = \dfrac{H}{K_G} = \dfrac{1}{k_L} + \dfrac{H}{k_G}$
  - $\dfrac{1}{K_G} = \dfrac{1}{k_L H} + \dfrac{1}{k_G}$

- 易溶气体和难溶气体的阻力
  - 易溶气体与阻力的关系
    - 气膜控制: $k_a \approx k_G$, 阻力集中气膜
    - 强化气膜控制吸收的方法: 提高 k_G 的方法
  - 难溶气体与阻力的关系
    - 液膜控制: $k_L = k_i$, 阻力集中液膜
    - 强化吸收的方法: 提高 k_L 的方法

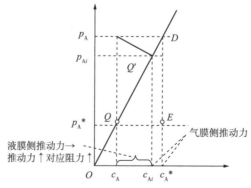 学习要点

基本概念：易溶气体、难溶气体、液膜控制、气膜控制。

重点知识：膜吸收系数和总吸收系数之间的换算关系；各种组成的膜系数之间的换算关系（图 8.2、图 8.3）；易溶气体和难溶气体的判断及提高其吸收速率的方法。

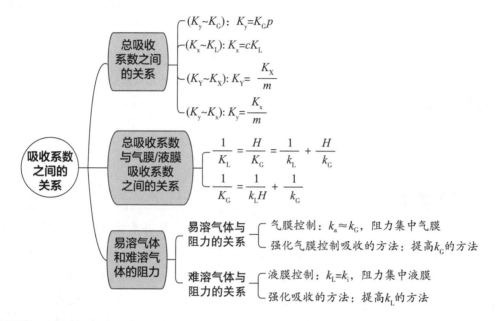

图 8.2 难溶气体与阻力的关系图

（难溶气体为液膜控制，阻力主要在液膜侧，推动力越大，阻力越大）

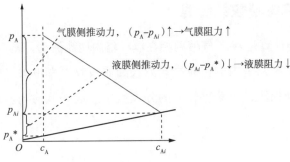

气膜侧推动力，$(p_A - p_{Ai})\uparrow \to$ 气膜阻力 $\uparrow$

液膜侧推动力，$(p_{Ai} - p_A^*)\downarrow \to$ 液膜阻力 $\downarrow$

图 8.3　易溶气体与阻力的关系图

（易溶气体为气膜控制，阻力主要在气膜侧）

能力训练

能够判断吸收过程的阻力，并提出解决方法。

训练 8-7

用填料塔在 101.3kPa 及 20℃下用清水逆流吸收混于空气中的甲醇蒸气。若在操作条件下平衡关系式符合亨利定律。甲醇在水中的溶解度系数 $H=2.0\text{kmol}/(\text{m}^3 \cdot \text{kPa})$，塔内某截面处甲醇的气相分压为 5kPa，液相组成为 2.1kmol/m^3，液膜吸收系数 $k_L = 2.08 \times 10^{-5}\text{m/s}$，气相总吸收系数 $k_G = 1.12 \times 10^5 \text{kmol}/(\text{m}^2 \cdot \text{s} \cdot \text{kPa})$。求该截面处的（1）膜吸收系数 k_G、k_x、k_y，（2）总吸收系数 K_L、K_x、K_y；（3）判断这一吸收过程的主要阻力来源及提高吸收速率的方法；（4）甲醇在水中溶解是属于易溶气体还是难溶气体？

学习提示

吸收过程中气体混合物和液体混合物的组成表达式有多种，对应的速率方程中推动力表达式有多种，因此，吸收系数也多种。这些表达式表示的都是同一个吸收过程，吸收系数之间一定存在某种关系能够换算。膜吸收系数之间的换算关系起源于不同组成之间的换算，总吸收系数和膜吸收系数之间的关系来源于推动力的变化，理解这一点，推动力的表达、吸收速率方程式及各系数之间的关系也就容易掌握。

8.4　低组成气体吸收的计算

本节教学视频

　　低组成气体的计算是基于气液两相在填料塔内逆流流动为基础的。气液两相逆流流动时，塔内的传质推动力大因而吸收速率也大，同等条件下与其他流动相比，可获得较大的分离效率。这一节的知识结构图如下：

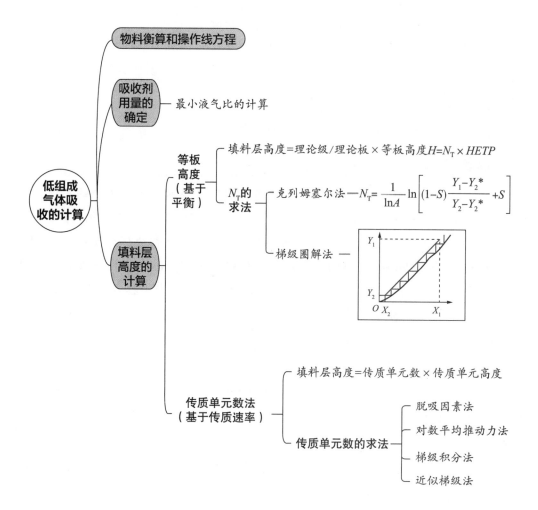

8.4.1 物料衡算与操作线方程

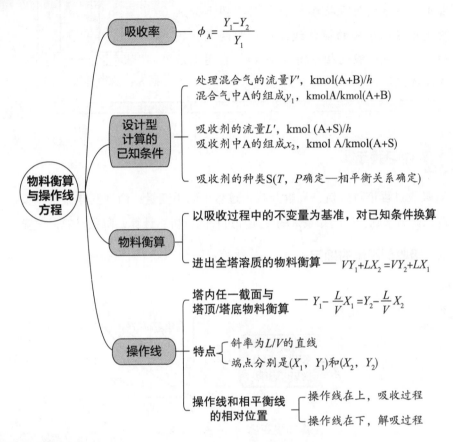

学习要点

基本概念：惰性组分、吸收率、液气比、解吸、操作线、相平衡线。

重点知识：能对吸收过程进行物料衡算，写出物料衡算式和操作线方程，能写出任一截面的推动力或者能从操作线和相平衡线的关系图中读出吸收过程的推动力。

能力训练

（1）能计算出进出吸收塔任一流股的流量和组成。

（2）能在 X–Y 图上绘制出操作线，并能根据操作线和相平衡线的位置求出塔内任一位置气液相组成过程的推动力。

训练 8-8

图 8.4 为某气体的吸收流程，气相和液相中吸收质的组成分别用摩尔比 Y、X 表示，塔 1 和塔 2 均为吸收塔，请在 X–Y 图上分别绘制出这两个塔的操作线，并标明两操作线的端点组成。假设相平衡线 $Y=kX$，在图上示意操作线和相平衡线的相对位置。

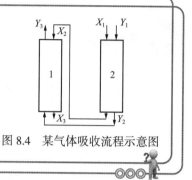

图 8.4　某气体吸收流程示意图

　学习提示

对吸收过程进行分析，理解并找出过程中的不变量：惰性气体流量、吸收剂流量，并以此为基础进行已知条件的变换和过程的分析、计算，降低计算的复杂性。

8.4.2　吸收剂用量的确定

知识结构图

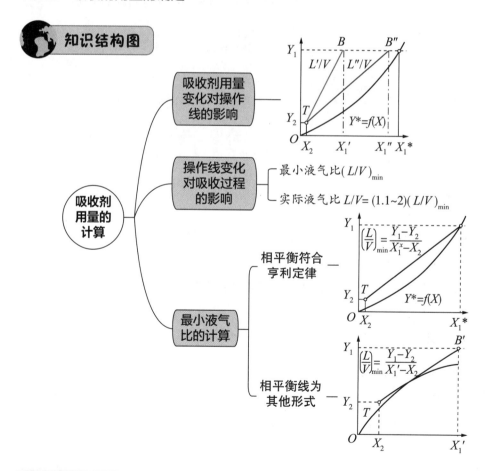

学习要点

基本概念： 最小液气比、实际液气比。

重点知识： 理解吸收剂用量变化对吸收过程（推动力、吸收速率、操作费用等）的影响；掌握最小液气比的计算。

能力训练

当吸收剂用量变化时，能够对吸收过程的推动力、吸收速率的变化进行分析。

训练 8-9

图 8.5 中 AB 和 AC 是某吸收塔吸收过程中的两条操作线，请分析这两条操作线的吸收剂用量情况，并图示说明在塔顶、塔底和吸收塔的任意位置，吸收过程的推动力。说明在其他条件不变的情况下，在两条操作线对应的操作条件下，吸收速率的快慢。

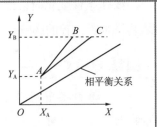

图 8.5 某吸收过程操作线图

8.4.3 填料层高度的计算

填料层高度的计算

基本概念
- 随着填料塔高度的变化，气、液相的组成和推动力都在变化、吸收速率也在变化
- 前面介绍的所有传质速率方程都适用于稳定操作的吸收塔的"某一横截面"

塔径 $D = \sqrt{\dfrac{4V_s}{\pi u}}$
- u 空塔气速，m/s——确定塔径的关键
- V_s 操作条件下混合气体的体积流量，m^3/s 对于吸收，进塔的气体量最大，V_s 以进塔的气体量为计算基准

填料层高度计算式的推导
- 任一微元的物料衡算
  - $dG_A = N_A dA = N_A(a\Omega dZ)$
  - $VdY = LdX = dG_A$
- 以气相推动力表示吸收速率方程 $Z = \dfrac{V}{K_Y a\Omega}\displaystyle\int_{Y_2}^{Y_1}\dfrac{dY}{Y-Y^*}$
- 以液相推动力表示吸收速率方程 $Z = \dfrac{L}{K_X a\Omega}\displaystyle\int_{X_2}^{X_1}\dfrac{dX}{(X^*-X)}$

学习要点

基本概念：空塔气速、操作条件、传质单元高度、传质单元数、气相总吸收系数、液相总吸收系数、稳态操作。

重点知识：掌握计算填料层高度的思路和方法，能对任一微元进行物料衡算，会应用填料层高度计算式。

了解知识：填料层高度计算式的推导过程。

能力训练

当操作条件变化时，能正确理解对填料塔任一微元物料衡算的影响，进而分析对填料塔吸收过程的影响。

训练 8-10

在填料塔中用清水逆流吸收混合气中的 CO_2，当水泵发生故障使水量减少时，分析对填料塔任一微元物料（溶质）进出、传质速率的影响，对相平衡关系会产生影响吗？

学习提示

填料层高度的求解需要填料塔的物料衡算式、相平衡关系式和吸收速率方程式，因此，在本节之前的内容都是本节计算的基础。要仔细理解、体会在本节的"取任一微元进行物料衡算"公式的工程含义，理解在填料塔中是如何在一定传质速率下，满足物料衡算进行操作的。

8.4.4 传质单元数和传质单元高度

知识结构图

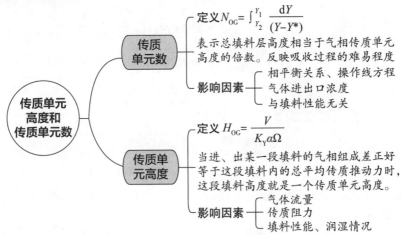

传质单元高度和传质单元数

传质单元数

定义 $N_{OG} = \int_{Y_2}^{Y_1} \dfrac{dY}{(Y-Y^*)}$

表示总填料层高度相当于气相传质单元高度的倍数。反映吸收过程的难易程度

影响因素——相平衡关系、操作线方程
气体进出口浓度
与填料性能无关

传质单元高度

定义 $H_{OG} = \dfrac{V}{K_Y a \Omega}$

当进、出某一段填料的气相组成差正好等于这段填料内的总平均传质推动力时，这段填料高度就是一个传质单元高度。

影响因素——气体流量
传质阻力
填料性能、润湿情况

学习要点

基本概念：设备性能、填料性能（在第四章介绍）。

重点知识：传质单元高度、传质单元数的物理意义和影响因素。

能力训练

当吸收过程涉及的参数发生变化时，能够判断其对传质单元高度、传质单元数，以及对填料层高度的影响。

训练 8-11

在填料塔用清水逆流吸收混合气中的 CO_2 过程中，（1）将 CO_2 的吸收率从 98% 提高到 99%；（2）将用水量减少；（3）将进口中 CO_2 浓度突然增高；（4）由于天气变化，操作温度升高了；（5）更换成一种传质效率更好的填料。这几种操作情况分别影响传质单元高度还是传质单元数？对填料层高度的影响是什么？

学习提示

将传质单元数和传质单元高度的数学表达式所代表的工程含义用语言表示出来。

8.4.5 传质单元数的计算方法

知识结构图

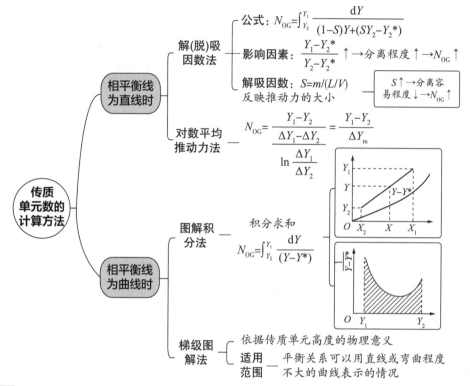

学习要点

基本概念：解吸因数（也称为脱吸因数）、对数平均推动力

重点知识：理解解吸因数法、对数平均推动力法、图解积分法、梯级图解法的应用前提和求解思路。

能力训练

能够应用不同方法计算传质单元数。

训练 8-12

气体混合物中溶质的摩尔分数为 2%，要在吸收塔内回收 99% 的溶质。气液平衡关系 $Y^*=1.0X$，入塔液体为纯溶剂，在液气比 $L/G=2.0$ 的情况下，求传质单元数 N_{OG} 是多少？用四种方法分别求解。

把数学模型求解和数学表达式的工程含义结合起来学习。

8.4.6 理论板层数的求法

知识结构图

理论板层数的求法

基本概念

理论级/理论板——在某一级上，气液两相密切接触，溶质由气相向液相转移，若离开某一级时，气液两相的组成达到平衡，则称该级为一个理论级，也称理论板

最大理论吸收率——出塔气体与进塔吸收液达到平衡时的吸收率 $\phi_{A,max} = \dfrac{Y_1 - Y_2^*}{Y_1}$

相对吸收率——吸收塔内溶质的吸收率与理论最大吸收率的比值 $\phi = \dfrac{\text{实际 } \phi_A}{\text{理论 } \phi_{A,max}} = \dfrac{Y_1 - Y_2}{Y_1 - Y_2^*}$

解析法

思路——物料衡算得出每一层的操作线方程和每一层的相平衡关系逐板计算，寻找规律

结果

克列姆塞尔方程 $N_T = \dfrac{1}{\ln A} \ln\left[(1-S)\dfrac{Y_1 - Y_2^*}{Y_2 - Y_2^*} + S\right]$

克列姆塞尔算图

适用范围——单组分、多组分的吸收

梯级图解法

思路——平衡线可以确定 (x_n, y_n)，操作线可以确定 (y_{n+1}, x_n)，知道起始状态就可以逐级计算方法既可以从塔顶也可以从塔底由操作线开始向平衡线画梯级

适用范围——能绘制出操作线和相平衡线

特点——不受气液相浓度的表示方法限制，也不受气液平衡关系形状的约束

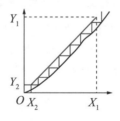

基本概念：理论级、理论板、最大理论吸收率、相对吸收率。

重点知识：克列姆塞尔方程和克列姆塞尔方程算图的应用，理解梯级图解法的思路。

了解知识：克列姆塞尔方程的推导过程。

能够采用等板高度法计算满足设计要求所需的理论板层数（级数）进而计算塔高。

训练 8-13

> 用清水在塔中逆流吸收混于空气中的 SO_2，混合气中 SO_2 的体积分数为 0.10，操作条件下物系的相平衡常数为 26.7，载气的流量为 230kmol/h。若吸收剂用量为最小用量的 1.5 倍，要求 SO_2 的吸收率为 90%。试求理论级数是多少。

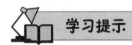

传质单元高度法和等板高度法是求填料层高度两种方法。传质单元高度法是基于一定传质速率下的物料衡算，等板高度法是基于达到相平衡的理论级（或理论板）进行计算的，不考虑传质速率，传质高度法的传质单元数、等板高度法的理论板数（或理论级数）计算有多种方法，本质上是相通的，仔细体会。

8.5 吸收系数的确定

本节教学视频

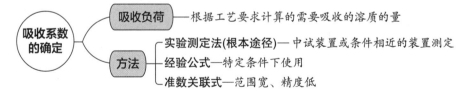

基本概念： 吸收系数 K、吸收负荷、平均气相推动力、液膜控制、填料层体积、总体积吸收系数、气膜体积吸收系数、液膜体积吸收系数。

重点知识： 吸收系数实验测定原理及方法。

了解知识： 吸收系数的经验公式以及准数关联式。

能够用实验方法测定吸收系数。

训练 8-14

设计总体积吸收系数和膜吸收系数的测定实验：（1）用水吸收 CO_2；（2）用水吸收氨。

学习提示

理解填料层高度计算方法和利用、易溶气体和难溶气体的特点后，理解吸收系数实验测定方法。

经验公式和准数关系式要注意使用前提，多看资料，多应用理解。

8.6 解吸及其他条件下的吸收

8.6.1 解吸

本节教学视频

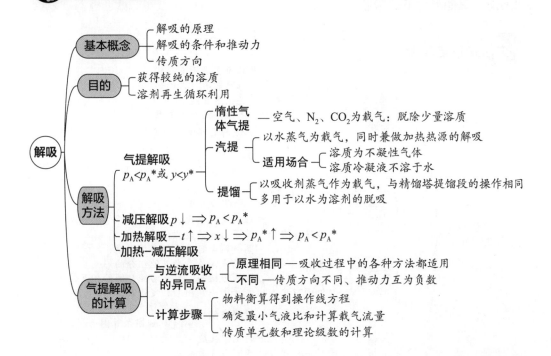

学习要点

基本概念：解吸、气提、惰性气体气提、汽提、提馏。

重点知识：解吸原理、解吸的传质方向和推动力、解吸速率；解吸的方法和原理、解收和气提解吸过程计算方法的异同。

了解知识：解吸的目的。

能力训练

能够根据具体情况选择解吸方法。

训练 8-15

用填料塔在 101.3kPa 及 20℃下用清水逆流吸收混于空气中的甲醇蒸气，水吸收甲醇后形成甲醇－水溶液，请选择甲醇－水的解吸方法。

学习提示

重点理解不同脱吸方法的原理和应用场合，气提脱吸和吸收对照学习。

8.6.2 其他条件下的吸收

知识结构图

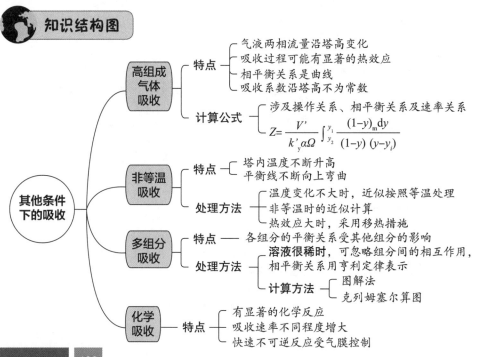

学习要点

基本概念：高组成气体吸收、非等温吸收、多组分吸收、化学吸收。

重点知识：对比高组成气体的吸收和低组成气体吸收、非等温吸收和等温吸收、单组分吸收和多组分吸收、物理吸收和化学吸收的差异，分析这些不同点对于吸收过程的影响，以及解决办法。

能力训练

能够掌握单组分高组成吸收、多组分吸收、非等温吸收以及化学吸收过程的特点，并且能够将单组分等温物理吸收过程中填料层高的计算方法推广应用到复杂的吸收过程中。

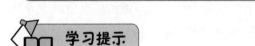

（1）热效应引起的温度变化对吸收过程的影响主要体现在哪些方面？

（2）与物理吸收相比，化学吸收对吸收过程的影响主要体现在哪些方面？

（3）如何简化处理多组分吸收计算？

（4）高组成对吸收过程的影响是什么？

学习提示

对比学习。单组分等温物理吸收过程的原理和方法都适用于复杂吸收过程，只是对于复杂吸收过程偏离单组分等温物理吸收过程的理想状态时需要修正。

名师答疑

9. 蒸馏

本章教学课件

　　蒸馏是最早实现工业化的分离液体混合物的典型单元操作，被广泛应用于化工、石油炼制、医药和环保等领域。蒸馏是利用液体混合物中各组分挥发性差异，以热能为媒介使其部分汽化，轻组分在气相中富集，重组分在液相中富集，从而实现液体混合物分离的单元操作。通过多次部分汽化和冷凝过程，可获得高纯度的产品。

　　蒸馏是传质和传热同时发生的传递过程，影响因素比较复杂。为了简化精馏计算，引入塔内恒摩尔流动的假定，即有 1mol 蒸汽冷凝，相应地就有 1mol 液体汽化。根据第一章传质过程基础的学习，在恒摩尔流假定条件下的蒸馏传质模型属于等分子反向扩散模型。但因精馏塔内同时存在着传质和传热过程，故采用速率概念进行计算时还需增加传质速率方程和传热速率方程。目前，采用传质速率概念进行计算尚不够成熟，因此引入理论板概念，通过相平衡方程和操作线关系计算理论板层数。再将理论板层数通过全塔效率转化为实际板层数，进而计算塔的有效高度和塔径。

　　用蒸馏操作分离液体混合物时需要解决以下问题：

- ● 蒸馏方法分离均相混合物的流程是什么？
- ● 什么情况下采用蒸馏的方法分离均相混合物？
- ● 汽液相中各组分的分配依据是什么？
- ● 何时可采用类似实验室这样简单的设备分离？
- ● 何时需采用间歇操作流程，何时采用连续操作分离？
- ● 对于特定分离任务，塔要多高？直径要多粗？

9.1 蒸馏概述

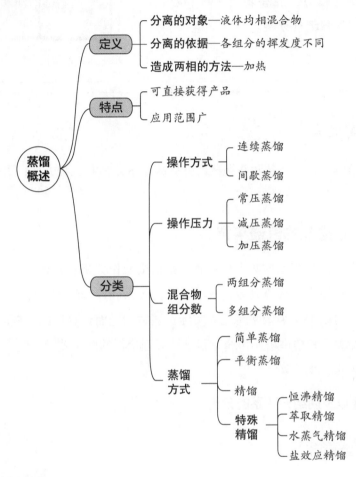

基本概念：轻组分、重组分、部分汽化、蒸馏定义。

重点知识：蒸馏原理、均相混合物分离方法。

了解知识：蒸馏分离均相物系的方法、手段以及工业、实验室分离装置。

能力训练

（1）对任一蒸馏过程，清楚轻组分、重组分等相关概念。

（2）能够对任一蒸馏过程进行分类。

训练 9-1

图 9.1 为水 – 乙醇混合物蒸馏实验，轻、重组分分别是什么？分别根据操作方式、操作压力、混合物组分数和蒸馏方式对该过程进行分类。

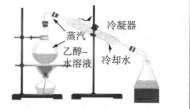

图 9.1　水 – 乙醇混合物蒸馏实验图

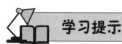 **学习提示**

通过本节学习，要清楚和掌握蒸馏分离的基本依据和工程方法，明确蒸馏操作分类和特点。

9.2　两组分溶液的汽液平衡

汽液平衡关系是蒸馏的热力学基础，是精馏操作分析和过程计算的重要依据。精馏塔的计算是通过汽液相平衡关系和操作线方程计算理论板层数，再根据全塔效率转化为实际板层数，进而计算塔的有效高度和塔径。因此，相平衡关系和精馏塔操作线方程是计算理论板的两个关键问题，本节主要学习两组分溶液的汽液平衡。

本节教学视频

9.2.1　相律以及两组分物系的分类

 **知识结构图**

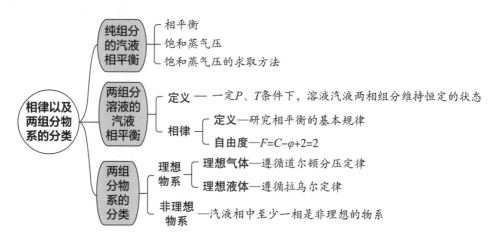

学习要点

基本概念：饱和状态、饱和蒸气压、相平衡、相律、理想物系、理想气体、理想溶液、非理想物系。

重点知识：恒压双组分体系组成与温度之间对应关系。

能够灵活使用相律分析物系的组成、温度和压力之间的对应关系。

训练 9-2

> 对两组分气液混合物，已知液相中 A 组分组成，给定温度，那么其气相组成能确定吗？

汽液相平衡关系是蒸馏的热力学基础，从相律分析可以推出在恒压双组分体系中不及液相（气相）组成与温度存在一一对应关系，气、液组成之间也存在一一对应关系，后续学习的汽液平衡函数关系和相图就是这一规律的具体表现。

9.2.2 两组分理想物系的汽液相平衡函数关系

知识结构图

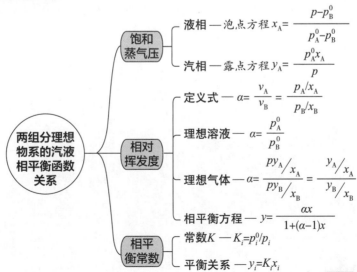

两组分理想物系的汽液相平衡函数关系

- 饱和蒸气压
  - 液相——泡点方程 $x_A = \dfrac{p - p_B^0}{p_A^0 - p_B^0}$
  - 汽相——露点方程 $y_A = \dfrac{p_A^0 x_A}{p}$
- 相对挥发度
  - 定义式—— $\alpha = \dfrac{v_A}{v_B} = \dfrac{p_A / x_A}{p_B / x_B}$
  - 理想溶液—— $\alpha = \dfrac{p_A^0}{p_B^0}$
  - 理想气体—— $\alpha = \dfrac{p y_A / x_A}{p y_B / x_B} = \dfrac{y_A / x_A}{y_B / x_B}$
  - 相平衡方程—— $y = \dfrac{\alpha x}{1 + (\alpha - 1)x}$
- 相平衡常数
  - 常数 K —— $K_i = p_i^0 / p_i$
  - 平衡关系—— $y_i = K_i x_i$

学习要点

基本概念：相平衡常数、挥发度、相对挥发度。

重点知识：两组分溶液的相平衡关系、函数关系的理解，相对挥发度的物理意义，相平衡方程。

了解知识：相平衡常数法表示的汽液相平衡关系。

 能力训练

对于一定条件下处于平衡状态的汽液两相，能够求解平衡组成。

训练9-3

（1）在总压为101.3kPa、温度为95℃的条件下，苯与甲苯的饱和蒸气压分别为155.7kPa、63.3kPa，则平衡时液相中苯的摩尔分数为多少，苯与甲苯的相对挥发度为多少？

（2）查阅资料获得在150kPa条件下苯和甲苯的饱和蒸气压，并计算其相对挥发度，试与101.3kPa下的相对挥发度进行对比，分析压力变化对两组分物系相对挥发度的影响。

学习提示

汽液相平衡关系的函数表达要注意公式推导，主要理解相对挥发度的物理意义，重点会使用相平衡方程。

9.2.3　两组分物系的汽液相平衡图

 知识结构图

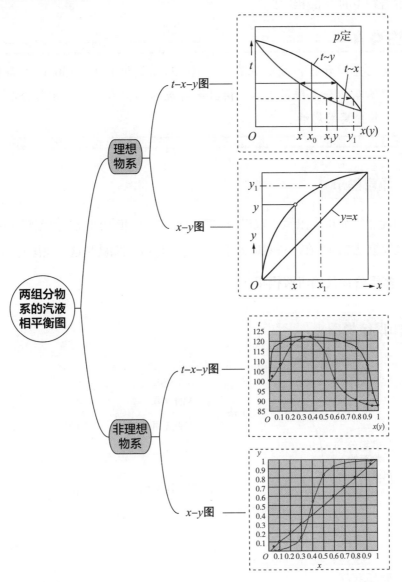

学习要点

基本概念：相图、泡点线、露点线。

重点知识：两组分溶液的相平衡关系相图表达。

了解知识：非理想物系相图。

能够应用相图判断一种混合物用蒸馏方法分离的难易程度，并能够分析平衡时汽液相混合物中的汽液相组成。

训练 9-4

通过查阅资料，做出在常压（101.3kPa）和加压（150kPa）条件下苯 – 甲苯双组分系统的 t–x–y 相图和对应的 y–x 图，通过相图分析压力对混合物分离的影响。

从前面相律分析推出恒压双组分体系中液相（气相）组成与温度存在一一对应关系；汽液组成之间存在一一对应关系，t–x–y 和 y–x 相图就是这一规律的具体体现。

9.2.4 多组分物系的汽液相平衡

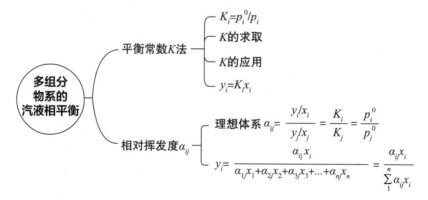

了解知识：多组分汽液相平衡表达方法。

对比双组分物系，学习和理解多组分物系相平衡的分析方法。

9.3 平衡蒸馏和简单蒸馏

9.3.1 平衡蒸馏

本节教学视频

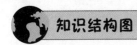

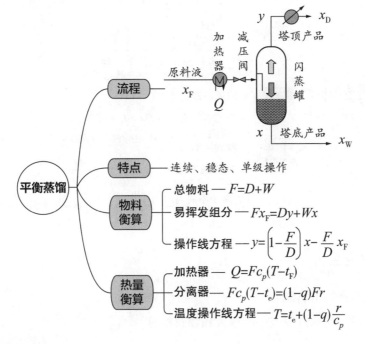

学习要点

基本概念：平衡蒸馏。

重点知识：平衡蒸馏流程模型的理解和物料衡算。

能力训练

能对平衡蒸馏过程进行计算和分析。

训练 9-5

已知理想混合溶液苯－甲苯的原料液流量 F，组成 $x_F=0.5$，常压下汽化率为 60%。常压下苯－甲苯溶液的 $\alpha=2.46$。讨论采用平衡蒸馏时，求解所得到的汽液相组成及温度的思路，列出所需的数据及公式。

9.3.2 简单蒸馏

知识结构图

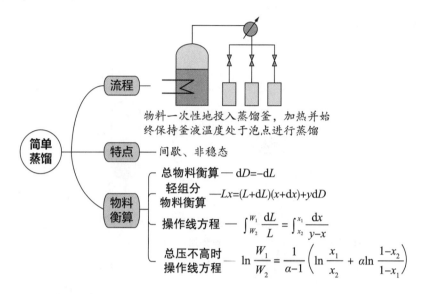

物料一次性地投入蒸馏釜，加热并始终保持釜液温度处于泡点进行蒸馏

简单蒸馏

- 流程
- 特点 —— 间歇、非稳态
- 物料衡算
  - 总物料衡算 —— $dD=-dL$
  - 轻组分物料衡算 —— $Lx=(L+dL)(x+dx)+ydD$
  - 操作线方程 —— $\int_{W_2}^{W_1} \dfrac{dL}{L} = \int_{x_2}^{x_1} \dfrac{dx}{y-x}$
  - 总压不高时操作线方程 —— $\ln \dfrac{W_1}{W_2} = \dfrac{1}{\alpha-1}\left(\ln \dfrac{x_1}{x_2} + \alpha\ln \dfrac{1-x_2}{1-x_1}\right)$

学习要点

基本概念：简单蒸馏。

重点知识：简单蒸馏流程的理解和物料衡算。

能力训练

能对简单蒸馏过程进行计算和分析。

训练 9-6

（1）北京特产名酒二锅头是基于哪种蒸馏方式获得的？试从蒸馏角度分析为什么要选择蒸出来的第二锅酒？

（2）若汽化率相同，简单蒸馏与平衡蒸馏各自馏出液中的轻组分组成是什么关系？试分析其原因。

学习提示

对比学习平衡蒸馏和简单蒸馏的流程。

简单蒸馏和平衡蒸馏都是单级蒸馏过程，区别在于：平衡蒸馏是稳态过程，汽液两相处于相平衡状态，而简单蒸馏为非稳态过程，虽然瞬间形成的蒸汽和液体可视为相互平衡，但形成的全部蒸汽并不与剩余液体平衡。

9.4 精馏原理和流程

 知识结构图

本节教学视频

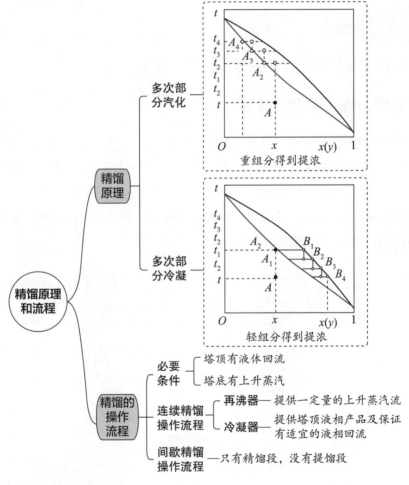

学习要点

基本概念：部分汽化、部分冷凝、精馏段、提馏段、冷凝器、再沸器。

重点知识：精馏原理的相图理解、精馏与简单蒸馏和平衡蒸馏的区别。

了解知识：间歇精馏操作流程。

 **能力训练**

能够正确比较精馏塔中相邻理论板上汽液组成及温度高低。

训练 9-7

> 稳态操作下的精馏塔塔内温度和浓度沿塔高如何分布？何以造成这样的分布？

 学习提示

精馏流程是理解精馏过程后续计算的关键，要非常熟悉。

9.5　两组分连续精馏的计算

精馏可在板式塔中，也可在填料塔中进行操作。本节主要以板式塔为重点，从精馏塔设计计算出发，确定计算的内容。由于精馏过程的复杂性，引入理论板概念和恒摩尔流假设，理解简化的意义和条件。通过相平衡关系和操作线关系计算理论板层数。再将理论板层数通过全塔效率转化为实际板层数，进而计算塔的有效高度和塔径。

本节教学视频

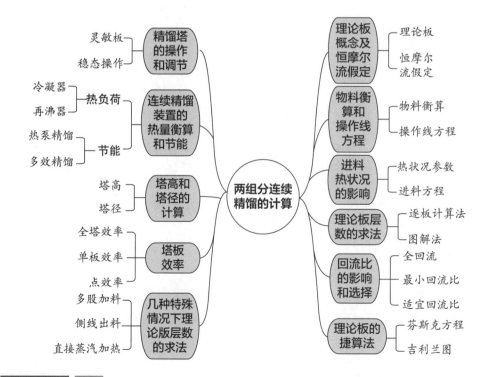

9.5.1 理论板概念及恒摩尔流假定

 **知识结构图**

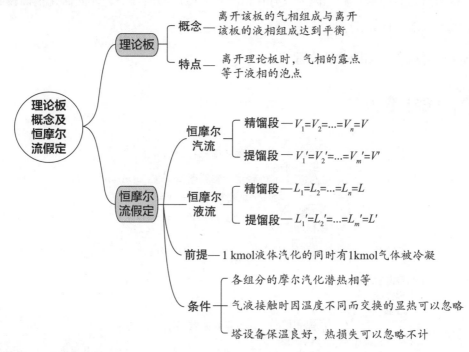

理论板概念及恒摩尔流假定
- 理论板
  - 概念——离开该板的气相组成与离开该板的液相组成达到平衡
  - 特点——离开理论板时，气相的露点等于液相的泡点
- 恒摩尔流假定
  - 恒摩尔汽流
    - 精馏段——$V_1=V_2=...=V_n=V$
    - 提馏段——$V_1'=V_2'=...=V_m'=V'$
  - 恒摩尔液流
    - 精馏段——$L_1=L_2=...=L_n=L$
    - 提馏段——$L_1'=L_2'=...=L_m'=L'$
  - 前提——1 kmol液体汽化的同时有1kmol气体被冷凝
  - 条件
    - 各组分的摩尔汽化潜热相等
    - 气液接触时因温度不同而交换的显热可以忽略
    - 塔设备保温良好，热损失可以忽略不计

 **学习要点**

基本概念： 理论板、恒摩尔流假定。

重点知识： 理论板的概念和恒摩尔流假定。

能力训练

能理解理论板的概念，并对相应的组成进行计算。

训练 9-8

用常压连续精馏塔分离苯和甲苯溶液，塔顶上升蒸汽首先进入分凝器，凝液泡点回流到塔顶。未凝蒸汽再进入全凝器，冷凝冷却后作为塔顶产品流出，已知塔顶产品含苯95%（摩尔分数），相对挥发度为2.6，求塔顶回流液的组成。

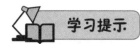

理论板概念和恒摩尔流假定是后续两组分精馏计算的前提，只有理论板才能用相平衡方程进行组成计算。因为只有在恒摩尔流假定的前提下，才能简化精馏段和提馏段操作线的计算。

9.5.2 物料衡算和操作线方程

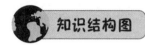

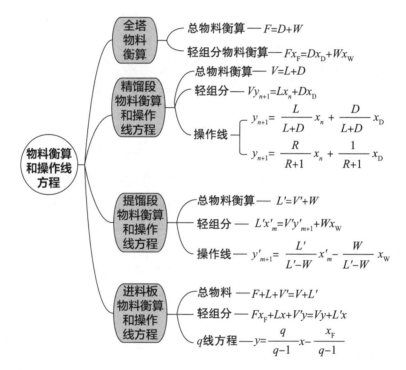

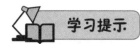

基本概念：回收率、回流比、操作线。

重点知识：掌握全塔、精馏段、提馏段的物料衡算和相应的操作线方程。

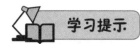

能够对精馏塔建模，通过全塔、精馏段、提馏段的物料衡算求出所有流股的流量和组成。

如图 9.2 所示，将 15000kg/h 含苯 40%（质量分数）和甲苯 60% 的溶液，在连续精馏塔中进行分离，要求釜残液中含苯不高于 2%，塔顶馏出液中苯的回收率为 97.1%。试求馏出液和釜残液的流量及组成，以摩尔流量和摩尔分数表示。

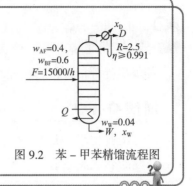

图 9.2　苯 – 甲苯精馏流程图

 学习提示

对于一个精馏工程，绘制出其精馏流程，就能够分析和计算推导出物料衡算和操作线方程。

9.5.3　热状况的影响

 **知识结构图**

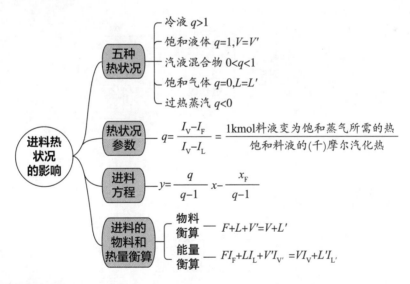

学习要点

基本概念：热状况参数、进料方程。

重点知识：进料热状况对精馏段蒸汽量和下降液体量的影响。

了解知识：了解进料热状况的物料衡算和热量衡算方法。

 能力训练

能够定性分析进料热状况对精馏段蒸汽量和下降液体量的影响。

训练 9-10

某精馏塔的进料状态为汽液混合物，分析说明该状态下精馏段和提馏段的物流关系。

 学习提示

理解和掌握热状况参数的定义即可对精馏塔下降液体量和上升蒸汽量进行分析和计算，注意公式推导，多分析。

9.5.4 理论板层数的求法

 知识结构图

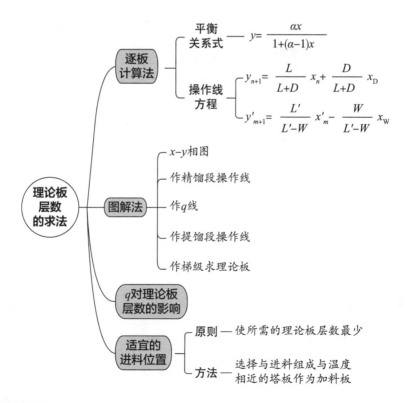

学习要点

基本概念：q 线、适宜的进料位置。

重点知识：逐板计算法求解理论板数、图解法求理论板层数。

能力训练

能够采用逐板计算法计算特定化工过程中的理论板数；能够定性分析 q 的变化对进料板组成的影响。

训练 9-11

（1）在一常压精馏塔中分离 AB 混合物，流量为 100kmol/h，其中 A 组成 42%（摩尔），泡点进料，泡点回流。要求塔釜出料中 A 含量不高于 1.5%，塔顶馏出液回收率不低于 98%。已知操作条件下，A 对 B 的平均相对挥发度为 2.5，操作回流比为最小回流比的 1.5 倍，试求离开塔顶第三块理论板的组成。

（2）精馏塔设计时，若 F、x_F、x_D、x_W、V 均为定值，将进料热状态从 $q=1$ 变为 $q>1$，则设计所需理论板数如何变化？

学习提示

理论板数求法主要介绍了逐板计算法和图解法。两种方式均是基于相平衡方程和操作线方程进行计算和分析的，即图解法是逐板计算法在相图中的表达。

9.5.5 回流比的影响和选择

知识结构图

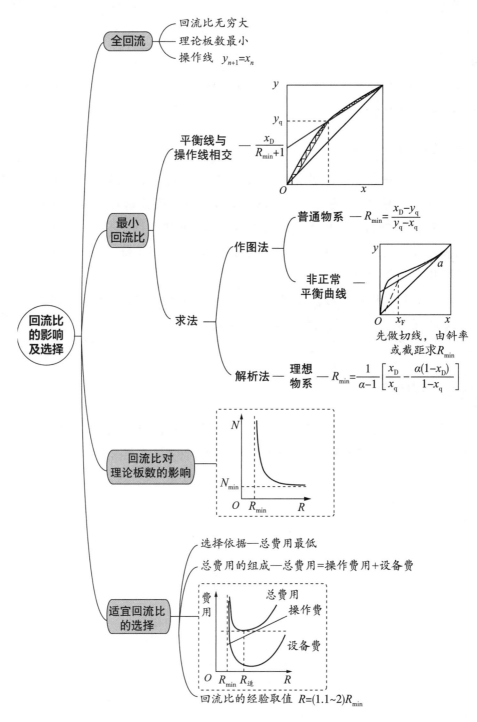

全回流
- 回流比无穷大
- 理论板数最小
- 操作线 $y_{n+1}=x_n$

最小回流比
- 平衡线与操作线相交 —— $\dfrac{x_D}{R_{min}+1}$
- 求法
  - 作图法
    - 普通物系 —— $R_{min}=\dfrac{x_D-y_q}{y_q-x_q}$
    - 非正常平衡曲线 ——
      先做切线，由斜率或截距求R_{min}
  - 解析法 —— 理想物系 —— $R_{min}=\dfrac{1}{\alpha-1}\left[\dfrac{x_D}{x_q}-\dfrac{\alpha(1-x_D)}{1-x_q}\right]$

回流比对理论板数的影响

适宜回流比的选择
- 选择依据——总费用最低
- 总费用的组成——总费用=操作费用+设备费
- 回流比的经验取值 $R=(1.1\sim2)R_{min}$

回流比的影响及选择

学习要点

基本概念： 最小回流比、全回流。

重点知识： 理解全回流和最小回流比的概念、求法及对应的操作线和理论板数变化；掌握回流比对理论板层数及费用的影响规律。

了解知识： 夹紧点、恒浓区的意义。

能力训练

能够计算回流比，并能分析回流比变化对理论板数、操作费用和设备费用的影响。

训练 9-12

用常压连续精馏塔分离苯 – 甲苯混合物，进料量为 100kmol/h，其中苯的摩尔分数为 40%，进料状态为气、液混合物，其中液相分数为 80%，塔顶全凝，泡点回流，塔顶馏出物苯的摩尔分数为 96%，在操作条件下物系的平均相对挥发度为 2.5，操作回流比是最小回流比的 2 倍。求操作回流比是多少？

学习提示

回流是精馏塔连续操作的必要条件之一，回流比是影响精馏装置设备投资费用和操作费用的重要因素，适宜的回流比介于全回流和最小回流比两者之间。

9.5.6 理论板的捷算法

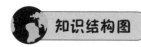知识结构图

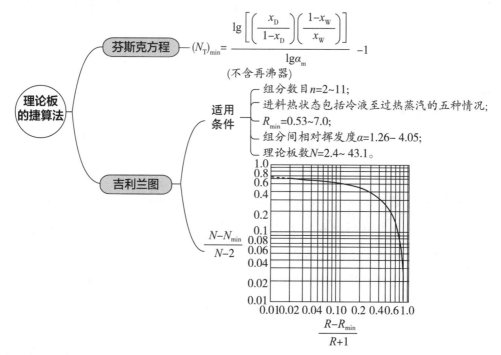

芬斯克方程 —— $(N_T)_{min} = \dfrac{\lg\left[\left(\dfrac{x_D}{1-x_D}\right)\left(\dfrac{1-x_W}{x_W}\right)\right]}{\lg\alpha_m} - 1$

（不含再沸器）

理论板的捷算法

适用条件
—— 组分数目 $n=2\sim11$；
—— 进料热状态包括冷液至过热蒸汽的五种情况；
—— $R_{min}=0.53\sim7.0$；
—— 组分间相对挥发度 $\alpha=1.26-4.05$；
—— 理论板数 $N=2.4\sim43.1$。

吉利兰图

$\dfrac{N-N_{min}}{N-2}$

$\dfrac{R-R_{min}}{R+1}$

学习要点

基本概念：芬斯克方程。

重点知识：能够采用捷算法估算特定化工过程中理论板数。

能力训练

能够灵活运用捷算法计算理论板数。

训练9-13

通过捷算法可以估算精馏塔的理论塔板数，试问是否可以估算精馏塔的进料位置？具体如何求解？

学习提示

利用吉利兰图求解理论板数方法虽然相对逐板计算法和图解法来说准确性较

差，但因其快捷方便，所以常被用于初步设计。但因为吉利兰图是根据经验获得，故其有适用范围，需满足使用条件才可使用。

9.5.7 几种特殊情况下理论板层数的求法

知识结构图

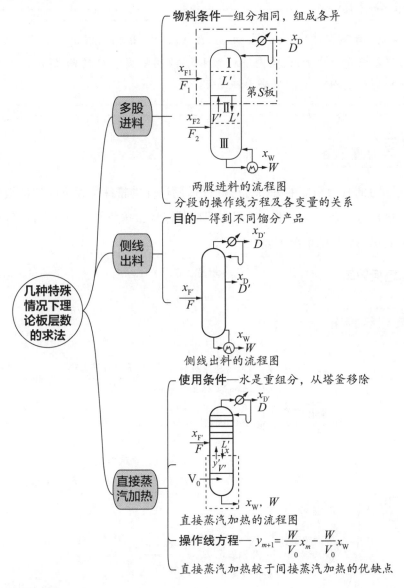

几种特殊情况下理论板层数的求法

多股进料
- 物料条件——组分相同，组成各异
  - 两股进料的流程图
  - 分段的操作线方程及各变量的关系

侧线出料
- 目的——得到不同馏分产品
  - 侧线出料的流程图

直接蒸汽加热
- 使用条件——水是重组分，从塔釜移除
  - 直接蒸汽加热的流程图
  - 操作线方程—— $y_{m+1} = \dfrac{W}{V_0} x_m - \dfrac{W}{V_0} x_W$
  - 直接蒸汽加热较于间接蒸汽加热的优缺点

学习要点

基本概念：直接蒸汽加热、多股进料、侧线出料。

重点知识：直接蒸汽加热时精馏塔的物料衡算和操作线。

了解知识：多股进料和出料时的物料衡算方法。

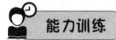 **能力训练**

能够定性分析特殊情况下的精馏塔特点。

训练 9-14

在精馏塔设计中，若 F、x_F、x_D、x_W、R、q 相同时，直接蒸汽加热与间接蒸汽加热相比其理论塔板数和塔顶易挥发组分的回收率都有什么变化？为什么会发生这样的变化？

 **学习提示**

前面学习的普通精馏的分析方法同样适用于几种特殊情况下的理论板数求法，只是流程中部分参数发生了变化，只需明确其流程，按照普通精馏的计算过程进行分析即可获得几种特殊情况下理论板层数。

9.5.8 塔板效率

 **知识结构图**

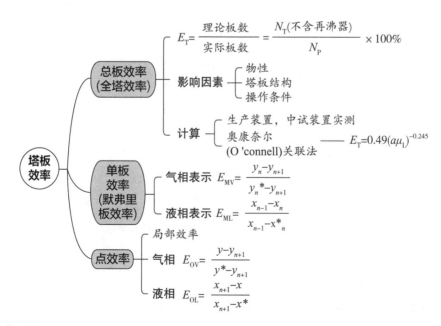

学习要点

基本概念：总板效率、单板效率、点效率。

重点知识：板效率的计算。

能力训练

能够计算总板效率和单板效率，并能够应用单板效率概念进行理论板和实际板各参数的计算。

训练 9-15

在测定某新型塔板的全塔效率的全回流精馏实验中，测得塔顶回流液体的组成是80%（易挥发组分的摩尔分数），塔底上升蒸汽的组成是33.3%，数出的实际塔板的数目是5，实验物系的相对挥发度为2。请计算这些塔板在本实验中的全塔效率。

学习提示

熟练掌握3个效率的概念，会计算总塔效率、单板效率和点效率，以及会通过效率计算实际板层数。

9.5.9 塔高和塔径的计算

知识结构图

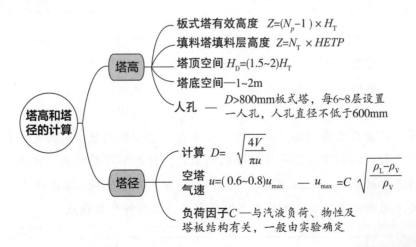

塔高和塔径的计算

塔高
- 板式塔有效高度 $Z=(N_p-1)\times H_T$
- 填料塔填料层高度 $Z=N_T \times HETP$
- 塔顶空间 $H_D=(1.5\sim2)H_T$
- 塔底空间——1~2m
- 人孔——$D>800$mm板式塔，每6~8层设置一人孔，人孔直径不低于600mm

塔径
- 计算 $D=\sqrt{\dfrac{4V_s}{\pi u}}$
- 空塔气速 $u=(0.6\sim0.8)u_{max}$ —— $u_{max}=C\sqrt{\dfrac{\rho_L-\rho_V}{\rho_V}}$
- 负荷因子C——与汽液负荷、物性及塔板结构有关，一般由实验确定

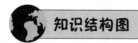 **学习要点**

基本概念：塔板间距、理论板当量高度、空塔气速、负荷因子。

重点知识：塔高计算方法。

9.5.10 连续精馏装置的热量衡算和节能

知识结构图

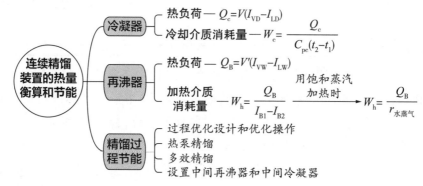

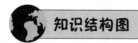 **学习要点**

基本概念：热泵精馏、多效精馏。

重点知识：精馏过程节能常见方法。

能力训练

能够对任一精馏过程，提出合理的节能手段。

训练 9-16

目前，我国使用较广泛的甲醇精馏是三塔精馏，其流程为粗甲醇→预精馏塔精馏→加压塔精馏→常压塔精馏。此工艺流程中，预精馏塔除去大部分轻组分后进入加压塔，在加压塔塔顶采出精甲醇，塔釜釜液经减压阀减压后进入常压塔。常压塔塔顶采出的精甲醇，与加压塔采出的精甲醇混合后作为甲醇产品，塔釜采出含少量甲醇的废水。为充分利用热能，加压塔和常压塔采用双效精馏工艺，将加压塔塔顶蒸汽作为常压塔再沸器的热源。试画出其流程图，同时思考以下问题：第二个塔为什么要采用加压塔？加压塔的压力过高或者过低有什么优缺点？

学习提示

精馏是耗能比较大的过程，节能是精馏需关注的重点课题，理解几种主要的节能操作原理并对节能操作加以利用。

9.5.11 精馏塔的操作和调节

知识结构图

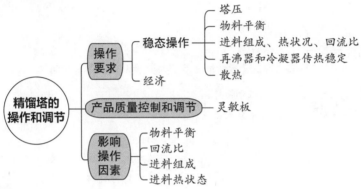

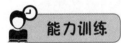

学习要点

基本概念：稳态操作、灵敏板。

重点知识：灵敏板概念、精馏塔操作和调节的基本原则及影响因素。

能力训练

能够定性分析参数变化对于操作中的精馏塔的影响。

训练 9-17

操作中的精馏塔，如果将加料口向上移动两层塔板，此时塔两端产品浓度将如何变化？为什么？试分析如何操作才能保证塔顶产品质量不变？

学习提示

参数变化导致操作中的精馏塔组成变化可以从精馏塔设计问题的角度分析，预估精馏操作和调节中可能产生的现象，并提出处理对策。

9.6 间歇精馏

本节教学视频

知识结构图

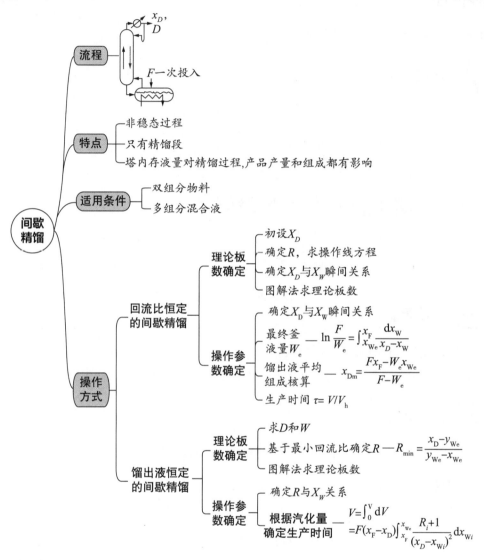

学习要点

基本概念：间歇精馏。

重点知识：间歇精馏特点、不同操作方式的间歇精馏计算思路和方法。

能力训练

理解间歇精馏的特点，能定性分析间歇精馏的组成和回流比之间的关系。

训练 9-18

间歇精馏与简单蒸馏的异同点是什么？什么时候采用间歇精馏？

恒定塔顶馏出液组成的间歇精馏操作过程中，塔顶温度和回流比之间的关系是什么？

学习提示

R 恒定时，随精馏过程的进行，塔釜液的浓度在下降，相当于进料浓度在下降，在理论板不变的情况下，塔顶产品浓度在下降，所以这一过程中塔顶产品浓度是一个逐渐下降的过程，因此，塔顶产品的组成是整个精馏过程的平均值。在计算过程中需要假设一个初值，然后根据初值计算 R_{min}，求 R，计算 N，然后在 N 确定的情况下计算过程中的一系列 x_D 和 x_W。当釜残液浓度达到要求时，求整个过程的 D 和 W，计算平均的 x_D 是否达到要求，没有达到要求重新假设计算。

x_D 恒定的操作方式，随精馏过程的进行，塔釜液的浓度在下降，相当于进料浓度在下降，R 需要不断增大。因此，在精馏结束时产品质量能够达到要求所需要的回流比是最大的。如果计算结果能够满足这一时刻的要求，则整个过程都可以达到要求，因此，重点以这一状态下的回流比开始计算，仍然是求 R_{min}，求 R，计算 N。求出 N 以后求完成一釜精馏需要的蒸汽量，这个相对恒定 R 要复杂一些。为了保证 x_D 恒定，在釜液组成 x_W 逐渐减小的情况下，R 要相应增大，但是釜内单位时间的汽化量不与馏出量成正比。因此，需要取微元时刻作为衡算基准进行衡算，计算这一时刻的汽化量，然后积分求整个过程的蒸汽量。

9.7　恒沸精馏和萃取精馏

9.7.1　恒沸精馏

本节教学视频

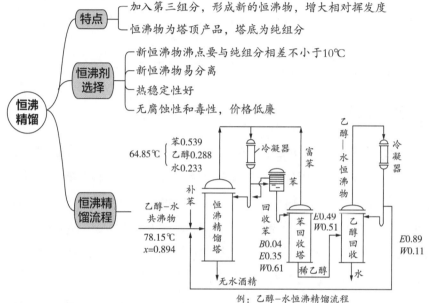

例：乙醇-水恒沸精馏流程

学习要点

基本概念： 恒沸精馏、恒沸剂。

重点知识： 恒沸精馏特点、恒沸精馏流程。

能力训练

针对任一混合物，能够通过查阅文献选择合适的恒沸剂。

训练 9-19

　　我国在逐步由北向南推进车用无水乙醇汽油的项目，一般将纯度为95%的乙醇称为工业乙醇，将工业乙醇提纯精馏为无水乙醇具有重要的意义。但用常规精馏方法分离乙醇－水溶液，最高能只得到纯度为95.575%的乙醇，因此需要采用特殊的精馏方法——恒沸精馏。请查阅资料，寻找合适的恒沸剂，绘制其流程，并正确标出进出塔流股信息。

9.7.2 萃取精馏

 知识结构图

萃取精馏

特点
- 第三组分沸点高，不形成恒沸物
- 塔顶纯组分，萃取剂与另一组分从塔底排出
- 选择范围广

萃取剂选择
- 选择性好
- 挥发性小
- 安全无毒
- 热稳定性好

与恒沸精馏比较
- 萃取剂更容易选择
- 能耗低
- 易控制
- 萃取精馏不宜采用间歇精馏
- 恒沸精馏操作温度低

萃取精馏流程

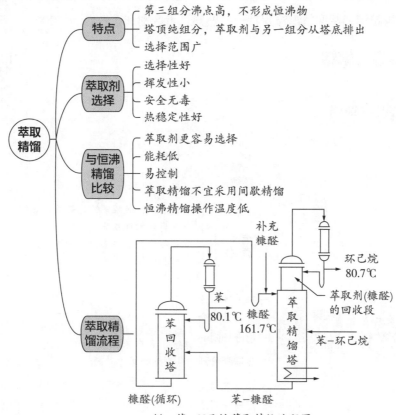

例：苯-环己烷萃取精馏流程图

学习要点

基本概念：萃取精馏、萃取剂。

重点知识：萃取精馏特点、萃取精馏和恒沸精馏的优缺点。

能力训练

了解恒沸精馏与萃取精馏的主要特点、选择依据，并加以区别。

训练 9-20

恒沸精馏与萃取精馏的主要分离依据是什么？各举一分离对象。

 学习提示

当混合物中组分间相对挥发度接近于 1 或形成恒沸物时，不宜用一般精馏技术，考虑采用特殊精馏分离的方法，工业上使用较多的有共沸精馏和萃取精馏，对比学习恒沸精馏和萃取精馏流程特点，熟知二者区别和优缺点。

9.8 多组分精馏

知识结构图

本节教学视频

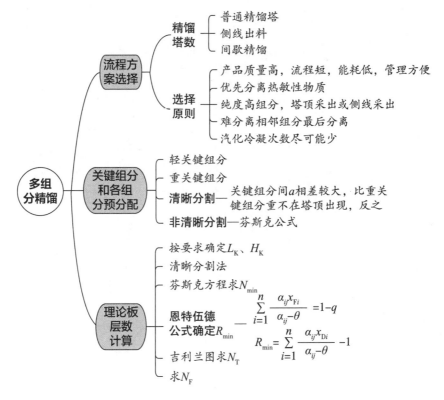

学习要点

基本概念：清晰分割、非清晰分割、关键组分。

重点知识：多组分精馏。

 **能力训练**

能够掌握多组分精馏过程的特点，并能够将双组分精馏中理论板层数的计算方法推广应用到多组分精馏过程中。

训练 9-21

通过顺酐酯化生产 1,4–丁二醇，经反应制备的粗产品中含有 20% 甲醇和 15% γ–丁内酯，试分析对于该粗产品分离序列如何确定？

名师答疑

10. 气液传质设备

本章教学课件

　　传质设备是化工分离过程物料传质所必需的场所。在设备中气液／液液两相要密切接触传质，之后两相又要及时分离。因此，了解常用的传质设备的结构、物料在其中的流动特性和传递特性，才能更好地理解化工分离过程，也是更好地利用、开发传质设备的前提。

　　塔设备是吸收和精馏过程中最常见的气液／汽液传质设备，通常统称为气液传质设备。塔设备有两大类：板式塔和填料塔。

　　通过本章学习，需要解决以下问题：

- 板式塔和填料塔的基本结构是什么？
- 与传质有关的填料特性有哪些？
- 板式塔和填料塔的结构如何影响气液的接触和传质的？
- 板式塔的流体力学性能和填料塔的流体力学性能分别是什么？哪些因素会影响其流体力学性能？

10.1 板式塔

板式塔是分级接触式传质分离设备。本节主要介绍板式塔的结构、塔板类型，气液两相的流动状态，流体力学性能和控制参数。

10.1.1 板式塔结构和塔板类型

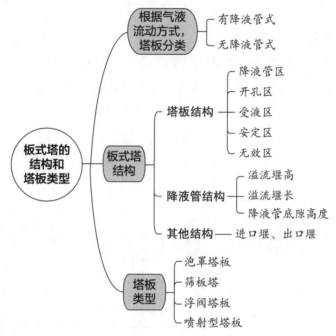

学习要点

基本概念：塔板、降液管、溢流堰、泡罩塔板、筛板、浮阀塔板、喷射塔板、受液区、板间距。

重点知识：塔板的分类和结构、塔板不同区域的作用、降液管的作用；不同类型塔板上的气液流动和接触情况以及适用范围。

了解知识：塔板类型、不同类型塔板的结构特点和优缺点。

能力训练

（1）对实际塔板能够判断塔板的类型、塔板结构及每个区域的名称和作用。

（2）能根据塔板设计数据绘制出塔板结构示意图。

训练 10-1

描述如图 10-1 所示塔板的类型及每个区域的名称和作用。

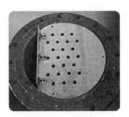

图 10.1 塔板类型

训练 10-2

某位同学设计了一个塔高为 15m、直径为 0.8m、板间距为 0.45m 的板式塔。在塔结构设计中，该同学选择了单溢流塔板，塔其他参数设计数据如表 10.1 所示，请根据这些数据在《化工设计手册》上查阅并计算出其他未给参数，绘制塔板结构图。

表 10.1 塔结构设计结果表

项目		单位	精馏段	提馏段
溢流装置	降液管类型	—	弓形降液管 凹形受液盘	弓形降液管 凹形受液盘
	溢流堰堰长 l_w	m	0.56	0.56
	溢流堰高度 h_w	m	0.051	0.048
	溢流堰宽度 W_d	m	0.12	0.12
	堰上液层高度 h_{ow}	m	0.009	0.022
	降液管底隙高度 h_o	m	0.015	0.023
板上液层高度 h_L		m	0.06	0.07
筛孔直径 d_0		m	0.005	0.005
孔中心距 t		m	0.0125	0.0125
筛孔数 n		个	2299	2299

学习提示

本节内容学生比较陌生，有很多新名词需要记住。观察模型很容易理解塔结构，同时也容易理解气液的流动方向和接触状况。

10.1.2 板式塔的流体力学性能与操作特性

 知识结构图

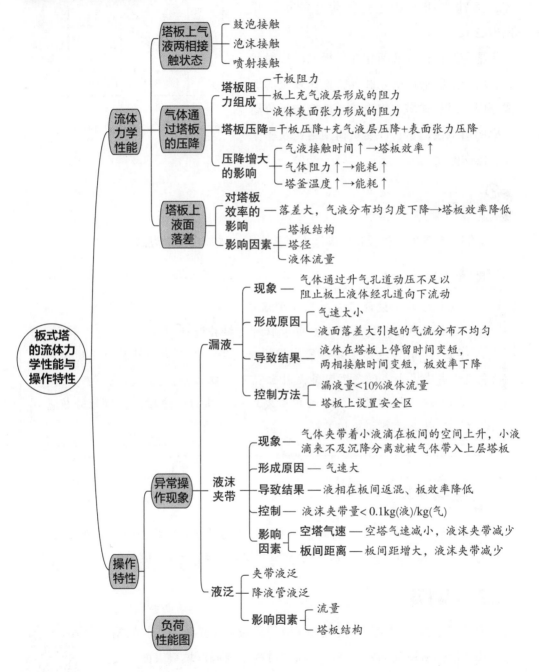

学习要点

基本概念： 液面落差、漏液、漏液气速、液沫夹带、液泛、负荷性能图（见图 10.2）。

重点知识： 气液两相在塔板上的接触状态、塔板上的液面落差和异常操作现象的形成原因、对板式塔内气液传质性能和板分离效率的影响及因素；性能负荷图结构及操作线、操作弹性。

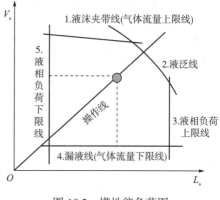

图 10.2 塔性能负荷图

 能力训练

能够根据现象寻找板式塔操作不正常原因，并提出解决方法。

训练 10-3

（1）同学 A 设计了一座苯 – 甲苯精馏塔，在水力学计算时发现有漏液，形成的原因可能是什么？可采取哪些措施进行调节？

（2）同学 B 设计了座一苯 – 甲苯精馏塔，在水力学计算时发现有严重液沫夹带，形成的原因可能是什么？可采取哪些措施进行调节？

（3）在某精馏塔操作过程中，发现塔釜压力迅速增大，据此分析塔内发生了什么现象，应该怎样处置？

 学习提示

这部分内容在课程设计中会体会更加深刻。学习过程中围绕"气液两相流速的变化、接触状态、接触时间的变化、气液分离情况对气液传质和塔板压降的影响"进行思考。

10.2 填料塔

填料塔是连续（微分）接触式气液传质设备，正常操作时气相为连续相，液体从塔顶加入，在向下流动过程中要润湿填料表面，气液在填料表面接触进行传质并分离。因此，填料特性、填料性能对传质影响很大。

本节教学视频

10.2.1 填料的特性和分类

 **知识结构图**

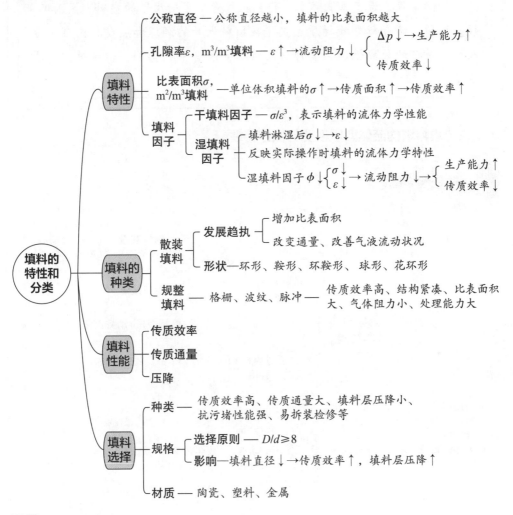

学习要点

基本概念：孔隙率、填料因子、传质效率、传质通量。

重点知识：填料特性、填料性能、填料选择的原则。

了解知识：填料的种类。

能力训练

能够应用所学知识，选择不同填料，能分析填料变化对分离效率可能的影响。

训练 10-4

　　用有机胺化学吸收法捕集烟气中的 CO_2 时，为防止腐蚀，CO_2 化学吸收塔中采用不锈钢孔波纹板填料，吸收温度在 60~80℃之间。由于不锈钢价格昂贵，为了降低成本，研究人员采用了耐腐蚀的塑料（聚丙烯）规整填料。请分析更换材质后液体在填料表面的润湿和流动状态会不会改变，对塔的分离性能又有什么影响？如果有不利影响，尝试提出解决方法。

10.2.2　填料塔的流体力学性能与操作特性

知识结构图

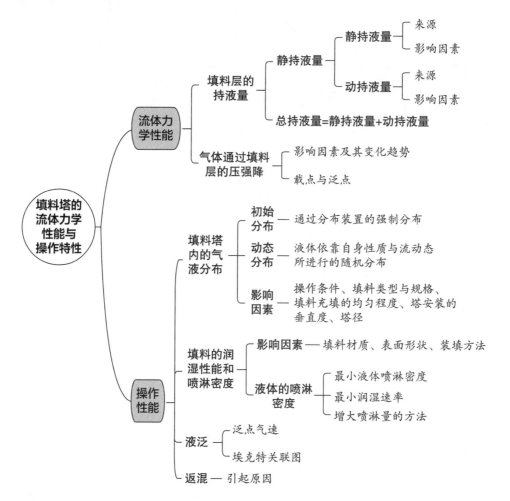

 **学习要点**

基本概念：填料层的持液量、静持液量、动持液量、气体通过填料层的压降、载点、泛点、初始分布、动态分布、喷淋密度、液泛、返混。

重点知识：影响填料持液量的因素、影响气体通过填料层压强降的因素、气体流速和填料层压降的关系、影响液泛的因素（见图10.3）、影响填料表面润湿性能的因素及保持液体喷淋密度的意义。

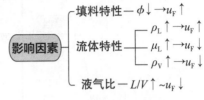

图 10.3 影响液泛的因素

了解知识：了解液泛和返混，在填料塔设计和操作中维持气液两相均匀分布的方法。

能力训练

当填料或操作参数变化时，能够分析对填料塔流体力学性能和操作性能如何变化。

训练 10-5

在硫酸生产工艺的改造过程中，为了能量的回收和利用，有的企业在系统中增加了废热锅炉，但这样会增加系统阻力，降低原系统干燥塔、吸收塔的压降。为了保证正常生产，某硫酸厂采用改进矩鞍填料代替原先的拉西环填料，吸收效果比原先提高了95%，系统的压降降低了61.7%，请根据矩鞍填料和拉西环填料的特点分析更换填料后填料塔流体力学性能和操作性能可能会有哪些变化？

 学习提示

对于不同类型的散装填料，相同尺寸、材质的鲍尔环在同样压降下，处理量比拉西环大50%以上，分离效率可以高30%以上；在同样的操作条件下，阶梯环的处理量可以比鲍尔环大20%左右，效率较鲍尔环高5%~10%；而环鞍、矩鞍型填料则具有更大的处理量和分离效率。

这部分内容的学习填料特性是根本。填料的发展和种类变化从增加比表面积、改善气液流通通道、降低压降等角度去理解。

10.2.3 填料塔的附件

 知识结构图

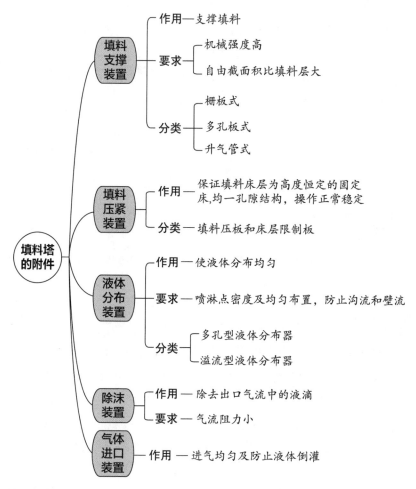

 学习要点

基本概念：喷淋点密度、沟流、壁流。

重点知识：填料塔各附件的作用和要求。

了解知识：填料塔附件的分类。

能力训练

能够查阅文献，深入了解填料塔各个附件的发展和研究现状。

训练 10-6

　　液体分布器要把液体分布均匀，因此，对于多孔型液体分布器，孔的大小、数量及排布方式直接影响液体分布的均匀程度。孔的大小由过程所处理的物料特点、操作参数和填料的最小润湿率决定。孔的布置方式要依据填料特点确定，对于乱堆填料，要求点的布置要对称、均匀，但对于规整填料，由于填料自身的特点，布孔方式需要改变，比如，对于波纹填料，采用与波纹填料片相垂直放置的线分布较为理想。那么对于孔的数量又是如何确定的呢？请查阅文献了解。

 学习提示

　　本节内容从塔的正常运行和保证气液良好接触的角度去思考。除沫装置的结构和设计从气体和液体的特点出发：气体遇到障碍物可以改变运动方向，液体遇到障碍物不会改变运动方向，以此达到气液分离的目的。

名师答疑

11. 液－液萃取

本章教学课件

　　液－液萃取是分离液体均相混合物常用的方法之一。液－液萃取是在均相液体混合物中加入与其不完全混溶的液体溶剂（萃取剂），形成液－液两相，利用液体混合物中各组分在两液相中溶解度的差异而达到分离目的的操作单元，也称溶剂萃取。

　　萃取与精馏、吸收单元的研究方法和思路是相似的，萃取过程计算基础也是相平衡关系、物料衡算（操作线方程）和速率方程。萃取过程中当一相中含有三种组分时，三角形坐标就是最基本工具。因此在本章学习中，三角形相图上溶液中三种组分的表示、相平衡关系物料衡算的表示是最基本也是最重要的内容。萃取过程计算时，相平衡关系和物料衡算也比二元体系复杂，解析法相对图解法更为困难，因此，用三角形坐标的图解计算就是非常重要的手段。当加入的萃取剂与原溶剂完全不互溶时，形成的两相都只有两个组分，这时的特殊计算方法和吸收非常相近，可利用直角坐标进行图解计算，相应的解析法计算也很方便。

　　通过本章学习，工程上利用萃取操作分离液体混合物时需要解决以下问题：

- 选择什么样的萃取剂（溶剂），选择的原则是什么？
- 萃取操作的范围是什么？萃取过程加入的溶剂量是在什么范围？工业上萃取过程如果在分级接触式萃取设备中进行，那么达到分离要求需要加入多少溶剂？需要多少级？选用不同的流程影响有多大？
- 萃取过程采用塔设备时，需要多高的塔？塔径如何确定？

11.1 萃取概述

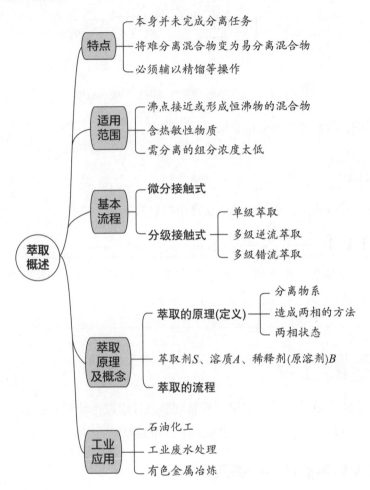

学习要点

基本概念：萃取、萃取剂、溶质、稀释剂、原溶剂、萃取相、萃取液、萃余相、萃余液、分级萃取。

重点知识：掌握萃取的定义、单级萃取、多级逆流和错流萃取流程，熟悉流程中每一相的组成及组成表达方式（如图 11.1 所示）。

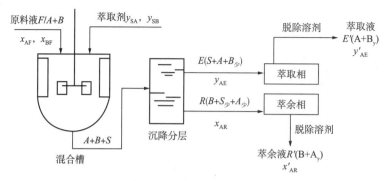

图 11.1　萃取各步骤物料流向和组成示意图

了解知识：萃取的工业应用领域、适用范围。

对于任一萃取体系，能够清楚表述进出物料的名称、组成。

训练 11-1

　　用煤油萃取水中含有的少量苯甲酸，请问原溶剂、萃取剂分别是哪种物质？萃取相、萃余相、萃取液、萃余液的组成是什么？

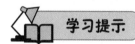

　　本节基本概念较多，需要记住。萃取流程是后续进行计算的基础，能够绘制并且标注出进、出萃取设备的各流股名称和组成很重要。

本节教学视频

11.2　三元体系的相平衡关系

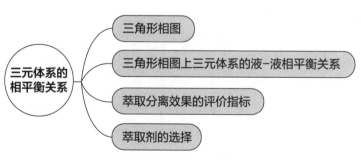

11.2.1　三角形相图

知识结构图

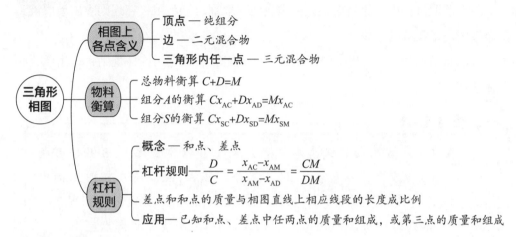

三角形相图
- 相图上各点含义
  - 顶点 — 纯组分
  - 边 — 二元混合物
  - 三角形内任一点 — 三元混合物
- 物料衡算
  - 总物料衡算 $C+D=M$
  - 组分A的衡算 $Cx_{AC}+Dx_{AD}=Mx_{AC}$
  - 组分S的衡算 $Cx_{SC}+Dx_{SD}=Mx_{SM}$
- 杠杆规则
  - 概念 — 和点、差点
  - 杠杆规则 — $\dfrac{D}{C}=\dfrac{x_{AC}-x_{AM}}{x_{AM}-x_{AD}}=\dfrac{CM}{DM}$
  - 差点和和点的质量与相图直线上相应线段的长度成比例
  - 应用 — 已知和点、差点中任两点的质量和组成，或第三点的质量和组成

学习要点

基本概念： 三角形相图上的顶点、边和三角形内任一点的含义，和点、差点的含义（见图 11.2）。

重点知识： 杠杆规则、物料衡算。

在三角形相图上两个混合物 C 和 D 形成一个新的混合物 M 时，或者一个混合物 M 分离为 C 和 D 两个混合物时，通过总物料衡算、A 和 S 组分的物料衡算，可以推出杠杆规则。因此，三角形相图的杠杆规则实际上就是物料守恒的图解。

了解知识： 杠杆规则的应用。

如图 11.3 所示：（1）PA 线上任一点所代表的混合物中 B 和 S 两组分的相对比值必相同；

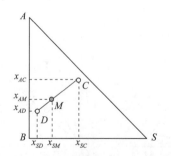

图 11.2　三角形相图上和点和差点的
关系（C、D 是差点，M 是和点）

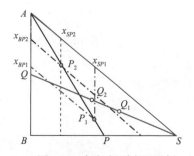

图 11.3　杠杆规则应用示例

（2）QS线上任一点所代表的溶液中A和B两组分的相对比值必相同。

（1）萃取过程中，原料中加入一定量的萃取剂。能利用杠杆规则求出萃取液和萃余液的质量和组成。

（2）从萃取相/萃余相中脱除萃取剂后，能够熟练应用杠杆规则，求出混合物的质量和组成。

训练 11-2

在A、B、S组成的三角形相图上，A、B以质量比$1:3$混合形成M_1点，M_1和溶剂S以质量比$3:1$混合形成M_2点，请在相图上标出M_1、M_2点，并从图上读出M_2的组成。假设A的加入量是$100g$，现在从M_2中脱除掉$200g$的B形成M_3，请问M_3的组成及质量是多少？

本节讲得是三角形相图上任意两种物质混合，或者混合物分成两种物质的质量守恒定律，后续要用于萃取的混合过程和静置分层过程。

11.2.2　三角形相图上三元体系的液－液相平衡关系

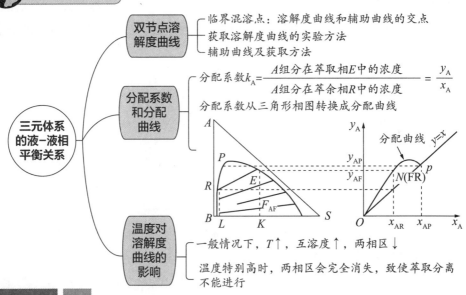

学习要点

基本概念：双节点溶解度曲线、两相区、单相区、共轭相、联结线、临界混溶点、溶解度曲线上的萃取相部分和萃余相部分（从图 11.4 和图 11.5 上指出）分配系数、分配曲线。

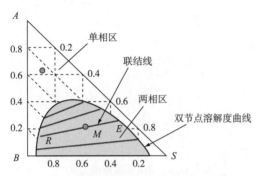

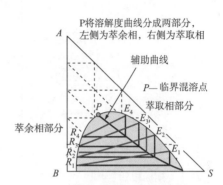

图 11.4　三角形相图上三元体系的液液相平衡
关系示意图（$R \backslash E$ 为共轭相）

图 11.5　三角形相图上三元体系的液–
液相平衡的辅助曲线和临界混溶点

重点知识：双节点溶解度曲线的构成、辅助曲线的获取方法和用法、温度对溶解度曲线的影响。能灵活应用溶解度曲线及其辅助曲线。

了解知识：获取溶解度曲线的方法。

能力训练

根据任一体系在三角形相图上的溶解度曲线，分析判断体系的操作条件。

训练 11-3

　　在 B–S 部分互溶体系中，当 B、S 组成的混合物 M 处于两相区时，静置一段时间，M 一定会分层吗？如果向 M 中加入溶质 A，使得三元混合物从两相区进入单相区，这说明了什么？

学习提示

　　牢记基本概念。只有当原溶剂和萃取剂的混合物处于两相区时，萃取才会发生。

11.2.3 萃取分离效果的评价指标和萃取剂的选择

 知识结构图

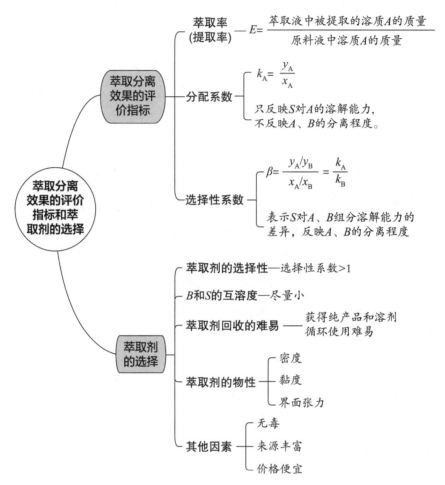

萃取分离效果的评价指标
- 萃取率（提取率）—— $E = \dfrac{\text{萃取液中被提取的溶质} A \text{的质量}}{\text{原料液中溶质} A \text{的质量}}$
- 分配系数
  - $k_A = \dfrac{y_A}{x_A}$
  - 只反映 S 对 A 的溶解能力，不反映 A、B 的分离程度。
- 选择性系数
  - $\beta = \dfrac{y_A/y_B}{x_A/x_B} = \dfrac{k_A}{k_B}$
  - 表示 S 对 A、B 组分溶解能力的差异，反映 A、B 的分离程度

萃取分离效果的评价指标和萃取剂的选择

萃取剂的选择
- 萃取剂的选择性——选择性系数 >1
- B 和 S 的互溶度——尽量小
- 萃取剂回收的难易—— 获得纯产品和溶剂循环使用难易
- 萃取剂的物性
  - 密度
  - 黏度
  - 界面张力
- 其他因素
  - 无毒
  - 来源丰富
  - 价格便宜

学习要点

基本概念：萃取率、提取率、选择性系数。

重点知识：分配系数和选择性系数的计算以及对萃取分离的意义。

了解知识：萃取剂的选择原则。

能力训练

（1）能计算萃取过程的分配系数和选择性系数，分析体系分离的难易程度。

（2）对任一分离体系，能够根据萃取剂选择原则分析选择合适的萃取剂。

训练 11-4

以水为溶剂（S）从含40%丙酮（A）的乙酸乙酯（B）混合液中提取丙酮。其中，一组相平衡数据（质量分数）为：乙酸乙酯相，A为9.4%，B为85.6%，S为5.0%；水相，A为6.0%，B为8.0%，S为86%，则A的分配系数为0.638，B的分配系数为0.093，选择性为6.86，从这组数据分析这个体系是否容易分离？试根据萃取剂选择原则分析这一体系选择水作为萃取剂的优缺点。（需要的物性可自己查阅资料）

学习提示

11.3 分级接触式萃取过程的计算

分级接触式萃取过程的计算可按照流程分类，也可以按照萃取体系分类。按照流程分类，可对比同一种计算方法在不同流程中的应用，按照萃取体系，可以对比同一萃取流程的不同计算方法。

本节教学视频

知识结构图

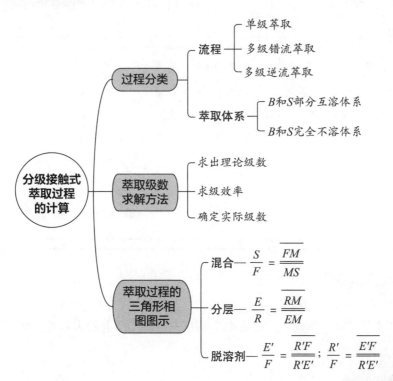

基本概念：理论级数、级效率。

重点知识：萃取过程的混合、分层、脱溶剂步骤在相图上的表示（见图 11.6）；在相图上找到最小萃取剂用量的点和最大萃取剂用量的点。

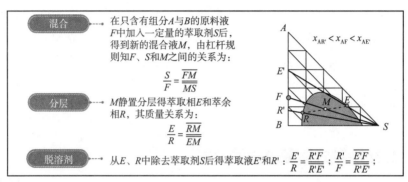

图 11.6　萃取过程在三角形相图上的表示示意图

了解知识：分级接触式萃取过程的分类；萃取级数求解方法。

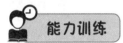
能力训练

掌握萃取操作的混合、分层、脱溶剂步骤在三角形相图如何表达。

训练 11-5

某混合物 100g 含溶质 A 为 20%（质量分数，余同）、原溶剂 B 为 80%，加入纯溶剂 550g 进行萃取，如图 11.7 所示为 ABS 的相平衡关系。请在相图上表示这一萃取过程的三个步骤。

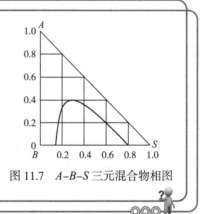

图 11.7　$A–B–S$ 三元混合物相图

学习提示

萃取过程的混合、分层、脱溶剂步骤在三角形相图上的表示是三角形相图中和点、差点和溶解度曲线的综合应用。

$A+B$ 和 S 的混合是三角形相图差点求和点，混合物如果处于相图的两相区就会自动分层成互成平衡的两相——共轭相：萃取相和萃余相，这就是分层步骤。对于 B 和 S 部分互溶体系，萃取相和萃余相中都含有溶剂 S，需要脱除 S，这是知道和点找差点的过程，形成含有两个组分的萃取液和萃余液位于相图的边上。

11.3.1 部分互溶体系单级萃取过程的三角形图解法计算

**知识结构图**

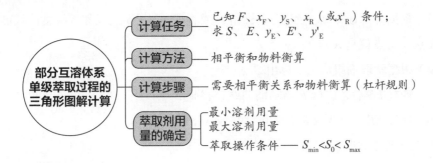

部分互溶体系单级萃取过程的三角形图解计算

- 计算任务 —— 已知 F、x_F、y_S、x_R（或 x'_R）条件；求 S、E、y_E、E'、y'_E
- 计算方法 —— 相平衡和物料衡算
- 计算步骤 —— 需要相平衡关系和物料衡算（杠杆规则）
- 萃取剂用量的确定 —— 最小溶剂用量 / 最大溶剂用量 / 萃取操作条件 —— $S_{min} < S_0 < S_{max}$

学习要点

基本概念： 最小萃取剂用量、最大萃取剂用量。

重点知识： 掌握三角形图解计算方法，能计算最小溶剂用量和最大溶剂用量。

能力训练

能够应用三角形相图对部分互溶体系的单级萃取过程进行计算。

训练 11-6

在含 A 30%（质量分数）的混合物 F 中，添加萃取剂 S 萃取其中的 A。已知原料 F 的流量为 100kg/h。若采用单级萃取，萃取剂 S 的流量为 80kg/h，求萃余相和萃取相的流量和组成。这一体系的相平衡关系如图 11.8 所示。

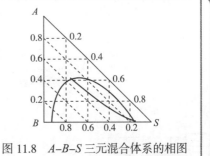

图 11.8 A–B–S 三元混合体系的相图

 **学习提示**

萃取过程计算的基础是相平衡关系和物料衡算。在混合和脱溶剂步骤用物料衡算，也就是用杠杆规则解决流量和组成问题。混合物分层是利用相平衡关系，根据溶解度曲线和联结线求共轭两相的位置和组成，量的关系仍然遵守杠杆规则。

单级萃取过程的三角形相图图解步骤如下：

（1）三角形相图上画出溶解度曲线和辅助曲线；

（2）根据进料流量和组成 F_{xF}，标出 E 点；

（3）根据分离任务 x_R（或 X_R'）标出 R 或者 R' 点：$R'S$ 连线和溶解度曲线的交点确定 R 点（交点就是 R 点）；

（4）根据萃取剂组成 y_s，标出 S 点；

（5）连接 FS 点，根据 R 与辅助曲线，找到 E 点；

（6）连接 ER，FS 与 ER 的交点就是 M 点；

（7）SE 连线延长交三角形 AB 边得 E'；

（8）根据杠杆规则求出未知流股重量，从图上可以读出各流股的组成。

11.3.2　部分互溶体系单级萃取的解析法计算

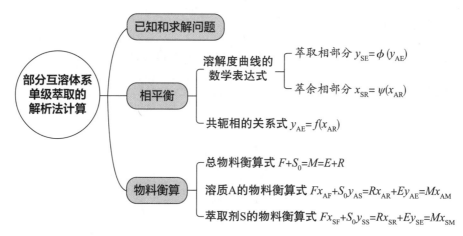 **知识结构图**

 **学习要点**

了解知识：单级萃取过程的物料衡算表达式、相平衡关系表达式。

能力训练

尝试对萃取过程列出物料衡算表达式，并应用 Excel 等工具求出相平衡关系表达式。

训练 11-7

在含 A 30%（质量分数）的混合物 F 中，添加萃取剂 S 萃取其中的 A。已知原料 F 的流量为 100kg/h。若采用单级萃取，萃取剂 S 的流量为 80kg/h。这一体系的相平衡关系如图 10.8 所示。尝试用 Excel 拟合求出溶解度曲线的表达式、萃取相区的表达式和萃余相区的表达式。

学习提示

随着计算机计算能力的增加，应用解析法进行萃取过程的计算应该会越来越重要，相平衡关系和物料衡算式要学着去表达。

11.3.3 部分互溶体系多级错流萃取过程的计算

知识结构图

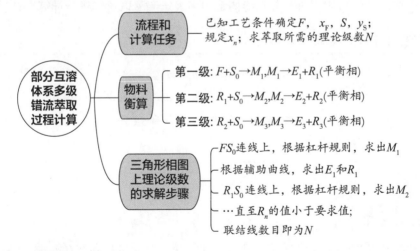

部分互溶体系多级错流萃取过程计算

- 流程和计算任务：已知工艺条件确定 F，x_F，S，y_S；规定 x_n；求萃取所需的理论级数 N
- 物料衡算：
  - 第一级：$F+S_0 \rightarrow M_1$，$M_1 \rightarrow E_1+R_1$(平衡相)
  - 第二级：$R_1+S_0 \rightarrow M_2$，$M_2 \rightarrow E_2+R_2$(平衡相)
  - 第三级：$R_2+S_0 \rightarrow M_3$，$M_3 \rightarrow E_3+R_3$(平衡相)
- 三角形相图上理论级数的求解步骤：
  - FS_0 连线上，根据杠杆规则，求出 M_1
  - 根据辅助曲线，求出 E_1 和 R_1
  - R_1S_0 连线上，根据杠杆规则，求出 M_2
  - …直至 R_n 的值小于要求值；
  - 联结线数目即为 N

学习要点

基本概念：多级错流萃取流程（见图 11.9）。

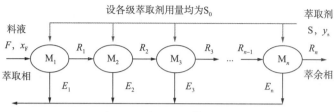

图 11.9　多级错流萃取流程

重点知识：多级错流萃取过程的物料衡算、三角形相图上的求解方法（见图 11.10）。

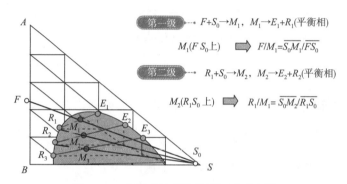

图 11.10　多级错流萃取的图解法示意图

能够应用三角形相图对部分互溶体系的多级错流萃取过程进行计算。

在含 A 30%（质量分数）的混合物 F 中，添加萃取剂 S 萃取其中的 A。已知原料 F 的流量为 100kg/h。若采用二级错流萃取，萃取剂 S 的流量每级为 40kg/h，求萃余相和萃取相的流量和组成。这一体系的相平衡关系如图 11.8 所示。

学习提示

多级错流萃取和单级错流萃取计算方法一致，是将萃取过程的混合、分层步骤多次在三角形相图上表示。

11.3.4 部分互溶体系多级逆流萃取过程的计算

 **知识结构图**

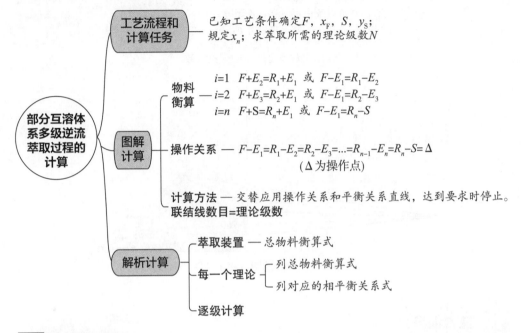

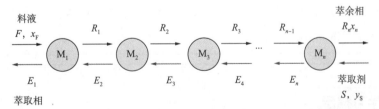 **学习要点**

基本概念： 净流量、操作点。

重点知识： 多级逆流萃取的流程（见图 11.11）、物料衡算式、操作关系、操作点及其在三角形相图上的表示、图解计算法（见图 11.12）。

了解知识： 解析计算法。

料液 F, x_F
萃余相 $R_n x_n$

$$F+E_2=R_1+E_1$$

图 11.11　多级逆流萃取的流程示意

$F+S=M=E_1+R_n$

①连接FS，根据给定的F、S量，可求出M；

②根据给出的萃余相组成在溶解度曲线上求出R_n，
连接R_nM并延长交溶解度曲线于E_1；

$F-E_1=R_1-E_2=R_2-E_3=R_3-E_4\cdots=R_{n-1}-E_n=R_n-S=\Delta$

③连接FE_1和RnS相交于一点Δ——操作线应用；

④由E_1可求出R_1，相平衡关系应用；

⑤连接ΔR_1交溶解度曲线于$E_2\cdots$

⑥依此类推直至萃余相组成达到要求，

⑦连接线使用次数就是所需的理论级数。

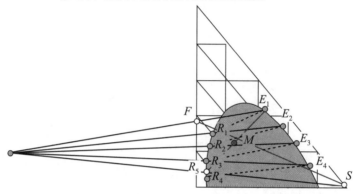

图 11.12 多级逆流萃取的图解法示意图和图解步骤

 能力训练

对实际的部分互溶体系利用多级逆流萃取过程进行萃取时，能计算达到萃取要求所需要的理论级数。

 训练 11-9

在含 A 30%（质量分数）的混合物 F 中，添加纯溶剂 S 萃取其中的 A。已知 F 的流量为 100kg/h。若采用多级逆流萃取，S 的流量为 80kg/h，要求萃余相中 A 的含量小于 1%，求需要多少理论级数？这一体系的相平衡关系如图 11.8 所示。

学习提示

多级逆流萃取过程的计算在列出物料衡算式时和多级错流萃取不同，这种不同在于衡算范围的确定。进行物料衡算时需要先确定衡算范围，这一步决定了计算能否顺利进行，因此要尽量把多的已知条件包含在衡算范围内。求理论级（理论板）就是对相平衡关系和操作线关系的交替应用，操作线关系可由物料衡算得出，请仔细体会。最后使用相平衡关系的次数就是平衡级数。

11.3.5 B 和 S 完全不互溶体系分级接触式萃取计算

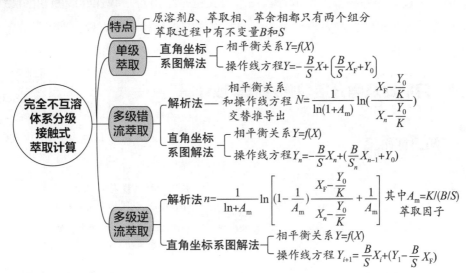

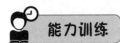

重点知识：完全不互溶体系的相平衡关系和操作线方程的表示方法，直角坐标系图解法和解析法的方法和思路。关键要能用不变的 B 和 S 表示出各流股的流量和组成，在此基础上列出物料衡算式。

了解知识：完全不互溶体系的直角坐标系图解法和解析法计算公式的推导过程。

能力训练

能够对完全不互溶体系的萃取过程进行设计型计算。

训练 11-10

已知含丙酮20%（质量分数）的水溶液，流率 $F=800\text{kg/h}$，用纯 1,1,2-三氯乙烷单级萃取其中的丙酮，流量为 320kg/h。已知 1,1,2- 三氯乙烷和水完全不互溶。丙酮的相平衡关系（分配曲线）为 $y^*=1.62x$。请对单级萃取过程进行物料衡算，求出单级萃取过程的操作线方程，求单级萃取后萃取相和萃余相组成。（可以在直接坐标系上画图求解，也可以直接计算求解。）

 **学习提示**

原溶剂 B 和萃取剂 S 完全不互溶，则萃取相和萃余相也完全不互溶。萃取过程中，萃取相和萃余相中不变的量是 B 和 S 的质量，因此，简便计算方法是以不变量为基准表示过程中各参数。萃取计算图解法关键是绘出每一级操作线和相平衡线，逐级计算，解析法的关键是求出每一级的操作线方程和相平衡方程，逐级计算，找规律，得出计算公式。

11.4 溶剂比及微分接触式逆流萃取计算

本节教学视频

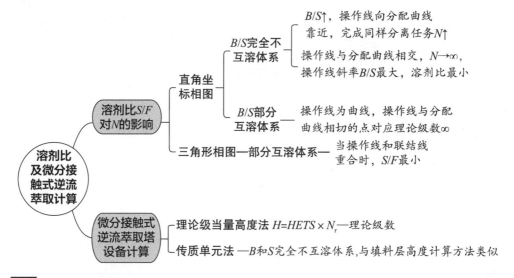

 **学习要点**

基本概念：溶剂比、理论级当量高度。

重点知识：最小溶剂比的求解、传质单元数法求塔的有效高度。

了解知识：理论级当量高度法。

能力训练

能够利用所学方法对互不相溶体系的微分接触式萃取塔进行设计型计算。

训练 11-11

在连续逆流填料萃取实验塔内，用纯萃取剂 S 从含溶质 A 15%（质量分数）的水溶液中提取 A。水与溶剂可视为完全不互溶，要求最终萃余相中溶质 A 的质量分数不大于 0.4%。操作溶剂比 S/B 为 2，萃取剂用量为 130kg/h。操作条件下，平衡关系为 $y=2x$。

（1）试求萃余相的总传质单元数是多少？

（2）若塔的 $K_x\alpha$ 为 1.649×10^{5}kg/（m^3·h），塔径为 0.08m，求塔高是多少？

学习提示

微分接触式逆流萃取过程塔高的传质单元数法和吸收过程填料层高度的传质单元数法计算方法和原理完全一样，不同的是萃取过程习惯用质量分数，吸收过程用的是摩尔分数。

11.5 其他萃取技术简介

11.5.1 超临界流体萃取

本节教学视频

知识结构图

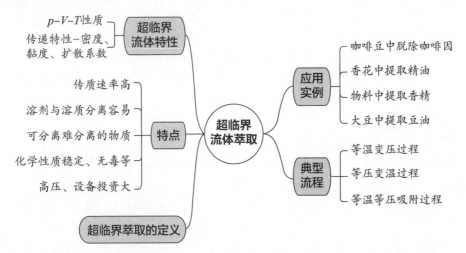

基本概念：超临界流体萃取。

重点知识：超临界流体特性，超临界流体萃取的特点、典型萃取流程的萃取分离原理。

了解知识：超临界流体萃取的典型流程、应用实例。

能力训练

能够理解超临界流体萃取的应用实例，知道流程中各个步骤的原理和目的。

训练 11-12

图 11.13 是 CO_2 超临界流体萃取咖啡豆中咖啡因的流程示意图。请说明图中每一个设备流体进、出物料情况，设备中物料相互作用的原理和目的。

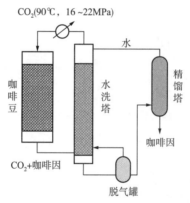

图 11.13　CO_2 超临界流体萃取咖啡豆中咖啡因的流程示意图

掌握超临界流体的特性是理解其萃取特点的基础，也是理解其萃取流程的基础。

11.5.2 回流萃取和化学萃取

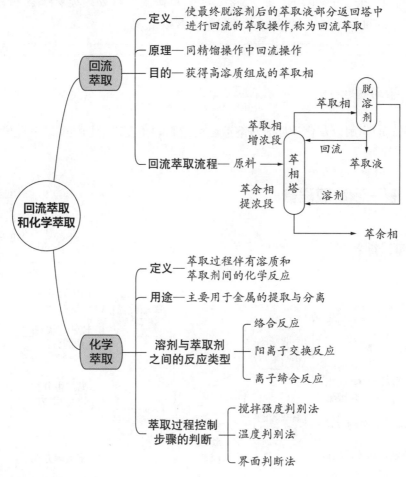

学习要点

基本概念：回流萃取、化学萃取。

重点知识：回流萃取流程、回流萃取原理、化学萃取过程的控制步骤判断。

了解知识：化学萃取中溶剂和萃取剂之间的反应类型。

能力训练

能够根据实际的萃取过程绘制出回流萃取流程。

训练 11-13

红茶提取物主要含有咖啡因、α—亚麻酸和棕榈酸等活性成分，风味成分主要为 2，3-二氢-3，5-二羟基-6-甲基-4H-吡喃-4-酮和苯乙醛等。在一定固液比下，用 75% 乙醇采用回流萃取方式提取红茶中的活性成分和风味物质。请绘制出间歇回流萃取流程。

 学习提示

从回流的作用以及化学反应对溶液浓度的影响角度理解回流萃取和化学萃取的特点。

11.6 液-液萃取设备

知识结构图

本节教学视频

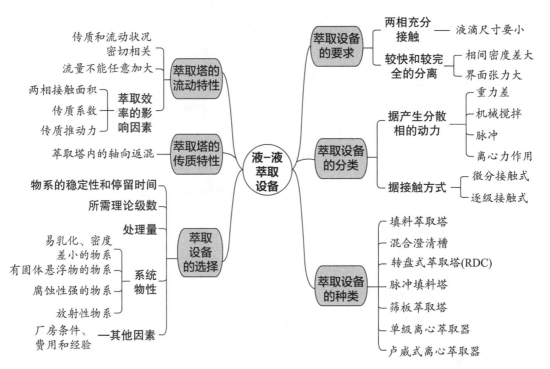

 **学习要点**

基本概念： 返混。

重点知识： 掌握各萃取设备产生分散相的动力源、液液接触方式和流动特性、传质特性（见图 11.14）。

了解知识： 了解萃取设备的分类和萃取塔的结构特点。

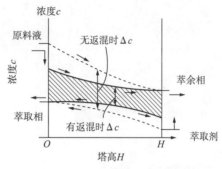

图 11.14 萃取塔的轴向返混图

 能力训练

能够根据萃取体系的特性选择萃取设备。

训练 11-14

【训练 11-14】转盘萃取塔应用于辣椒油树脂萃取效果明显优于混合槽静置分层的提取效果（见表 11.1），请从萃取设备结构对流体的传质、分离等角度进行原因分析。

表 11.1 静置分离和萃取塔分离效果对比

指标	静置分离	萃取塔分离
生产能力（投料量）/（kg/d）	650	1370
溶剂消耗 /（kg/d）	120	80
辣度得率 /%	42	65
产品质量	辣度 21.3%，咸味 4.5μg/kg	辣度 20.66%，咸味 3.4μg/kg
使用设备	6 台 9m³ 分离罐	1 台直径 800mm 萃取塔
生产方式	间歇	连续

学习提示

设备的学习首先要掌握设备的结构，流体的特点，萃取分离的要求，流体在设备中的流动状态和接触方式，在此基础上理解不同设备的流动特性和传递特性，性能特点。

名师答疑

12. 干燥

本章教学课件

在化工生产中很多固态产品，或者是半成品，往往含有很多水分，为了满足贮存、运输、加工和使用等方面的不同需要，要除去这些水分或溶剂，才能得到合格产品，这就是固体物料的去湿。化学工业中常用的去湿方法有：机械除湿、吸附除湿、加热除湿。机械除湿，如沉降，过滤、离心分离等利用重力或者离心力进行除湿，可以除去其中大部分的水分，能耗比较低，但除湿不完全，因此一般作为工业上的初步除湿；吸附除湿，用干燥剂如无水氯化钙、硅胶、分子筛等来吸附物料中的水分，该法只能去除少量湿分，因此只适合实验室使用；加热除湿即干燥，利用热能将湿物料中的湿分汽化，这种方法能除去湿物料中的大部分湿分，但能耗也较大。因此为节省能源，在工业上常常几种方式结合起来使用，先利用比较经济的机械方法将绝大部分的水分先初步去湿，然后再通过干燥提供热能的方式继续除湿，以获得合格产品。

干燥是传热和传质同时发生的传递过程，影响因素比较复杂，定量计算难度比较大。因此，目前干燥器的设计大多是根据实验结果或者是经验处理。在某些情况下，对复杂的工程问题要做一些合理的简化假设，便可进行数学描述，这也是化工工程人员能力的体现。

12.1 干燥概述

知识结构图

本节教学视频

本节内容包括：固体物料的去湿方法、湿物料的干燥方法、对流干燥过程的传热与传质。知识结构如下：

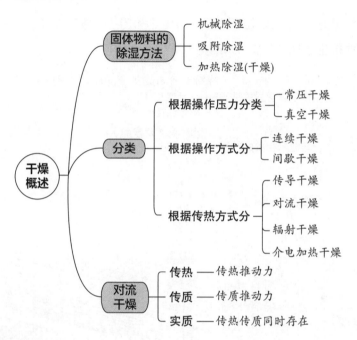

学习要点

基本概念： 固体物料的除湿方法、干燥、对流干燥、辐射干燥。

重点知识： 掌握固体物料各种除湿方法的基本原理，对流干燥的实质。

了解知识： 干燥的分类。

能力训练

通过干燥的分类能够判别生活及工业场合采用哪种干燥方法更为适宜。

训练 12-1

1. 北方寒冷的冬天，室外结冰的衣服能否晒干？为什么？

2. 干燥方式有很多，为什么对流干燥在化工生产中最为常用？

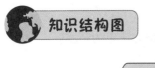

学习提示

本节的学习要结合前面沉降过滤内容，掌握固体物料除湿的方法，了解干燥的分类，重点理解工业上应用最广泛的对流干燥过程，特点是热质同时反向进行传递。

12.2 湿空气的性质及湿焓图

本节教学视频

湿空气的状态变化反映出干燥过程的传热和传质，本节主要介绍湿空气的性质和湿焓图。本节知识结构如下：

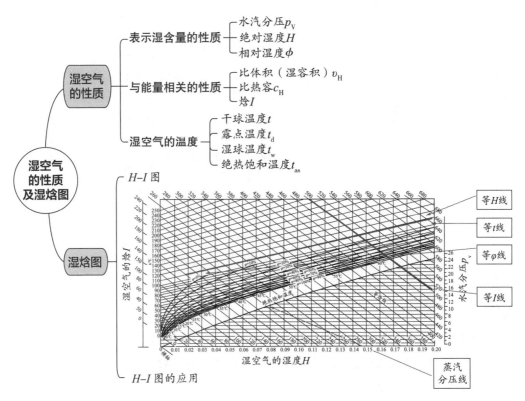

12.2.1 湿空气的性质

知识结构图

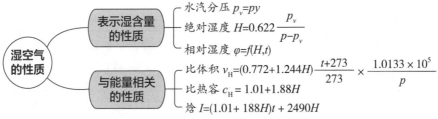

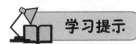

学习要点

　　基本概念：湿空气 10 个性质的分类；水汽分压、绝对湿度、饱和湿度、相对湿度的定义、公式及影响因素，比体积、比热容、焓的定义、影响因素及公式推导。

　　重点知识：水汽分压、湿度、相对湿度之间的关系；比体积、比热容和焓的公式推导。

能力训练

　　能够从湿空气湿含量的 3 个性质和与能量相关的 3 个性质的定义及公式推导出发，分析湿空气的温度、湿度变化对湿空气能量相关性质的影响。

训练 12-2

　　请分析湿空气的湿度和温度变化对湿空气的比热容、焓和比体积的影响。

学习提示

　　在干燥过程中，湿空气中的水汽含量不断变化。但绝干空气的质量不变。因此，湿空气的有关性质是以 1kg 绝干空气为基准的。相对湿度 φ 越低，对干燥越有利。对于湿度一定的湿空气，在许可条件下，提高其温度则 P_s 也提高，使相对湿度降低。因此，工业上常采用高温干燥介质。

12.2.2　湿空气的温度

知识结构图

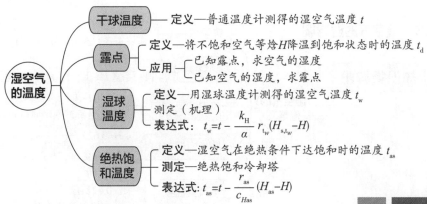

学习要点

基本概念：干球温度、露点、湿球温度、绝热饱和温度。

重点知识：（1）理解湿球温度、绝热增湿过程和绝热饱和温度，掌握露点、湿球温度、绝热饱和温度的测定机理。

（2）掌握湿空气 4 个温度参数之间的关系。

能力训练

能本质理解湿空气四个温度的定义测定原理，学以致用，解决生活、生产中的应用问题。

训练 12-3

（1）能否用 500℃的空气烘干枸杞？会不会烧毁枸杞？

（2）夏天的清晨走过草地，为何鞋子和裤腿脚会湿？

学习提示

湿球温度和绝热饱和温度较难理解。需要注意的是湿球温度是湿物料表面水汽的温度，该温度由空气的状态参数 t、H 决定，因此称为湿球温度。在实际工作中，可根据相关原理间接地测定容易得到的温度（湿球温度 t_w 或露点温度 t_d），然后通过计算得到空气的湿度。绝热饱和温六度 t_{as} 是湿空气经历绝热饱和冷却过程（焓不变）空气所达到的温度。对于空气—水蒸气系统，t_w 与 t_{as} 在数值上相等，且两者均为空气的 t、H 函数。

不饱和空气：$t > t_{as}$（或 t_w）$> t_d$

饱和空气：$t = t_{as}$（或 t_w）$= t_d$

12.2.3　湿空气的湿焓图

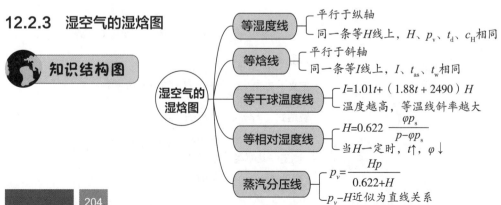

 **学习要点**

基本概念： 湿空气的湿焓图组成，等湿度线（等 H 线）、等焓线（等 I 线）、等温线（等 t 线）、等相对湿度线、等压线。

重点知识： 掌握湿焓图的结构，5 种线的特点，与哪些因素有关。

 能力训练

能够在湿焓图上标出任一状态的空气点，并能从图上读出空气的其他性质。

 **训练 12-4**

若已知 80℃的湿空气湿度为 0.06，可以从湿焓图中获得湿空气的哪些性质？

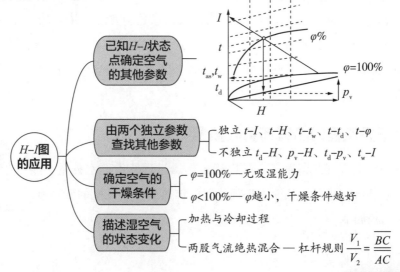 **学习提示**

从湿空气各性质的定义、公式出发去理解湿焓图的结构，理解湿焓图中 5 种线的特点，灵活运用。

12.2.4 H–I 图的应用

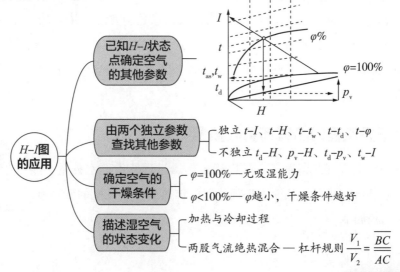 **知识结构图**

H–I 图的应用

- **已知 H–I 状态点确定空气的其他参数**
- **由两个独立参数查找其他参数**
  - 独立 t–I、t–H、t–t_w、t–t_d、t–φ
  - 不独立 t_d–H、p_v–H、t_d–p_v、t_w–I
- **确定空气的干燥条件**
  - $\varphi=100\%$ ——无吸湿能力
  - $\varphi<100\%$ ——φ 越小，干燥条件越好
- **描述湿空气的状态变化**
  - 加热与冷却过程
  - 两股气流绝热混合 —— 杠杆规则 $\dfrac{V_1}{V_2}=\dfrac{\overline{BC}}{\overline{AC}}$

 **学习要点**

基本概念：湿空气加热、冷却及绝热混合过程在湿焓图中的表示。

重点知识：掌握湿空气湿焓图的参数确定的方法，理解杠杆规则。

了解知识：湿空气干燥条件。

能力训练

能够根据湿空气的任意两个独立的参数从湿焓图中确定湿空气的其他性质参数；结合 H–I 图，分析湿空气在预热和干燥过程中状态如何变化。

训练 12-5

（1）已知湿空气的温度为 40℃，湿度为 0.07，请从湿焓图中确定湿空气的焓、相对湿度、露点、湿球温度、绝热饱和温度和蒸汽分压值各是多少？

（2）请结合湿焓图解释返潮现象。

学习提示

湿空气是由空气和水蒸汽构成的双组分单相物系，此种物系只有三个强度性质是独立的。当总压强 p 确定之后，再规定任意两个独立的强度性质，则湿空气的所有强度性质随之而定，可根据有关公式计算。

根据前面湿空气 10 个性质参数的关系，理解哪些性质参数是相互独立的，掌握如何根据湿空气的状态点去确定湿空气的其他参数的方法，并学以致用。

通常两个独立参数的组合方式是：t–φ，t–H（或 t–t_d、t–p），t–t_{as}（或 t–t_w），H–I（t_d–I、p–I）或 t–I 等。此外，在 H–I 图上可方便地表达空气在预热和干燥过程中状态的变化。

12.3　干燥过程的物料衡算与热量衡算

通过物料衡算和热量衡算，可以确定干燥过程蒸发的水分量、热空气消耗量及所需热量，从而决定预热器的传热面积、风机的型号等。本节知识结构如下：

本节教学视频

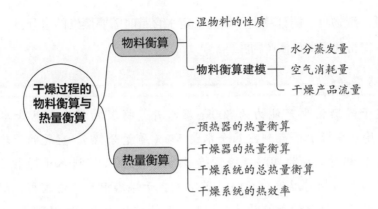

12.3.1 物料衡算

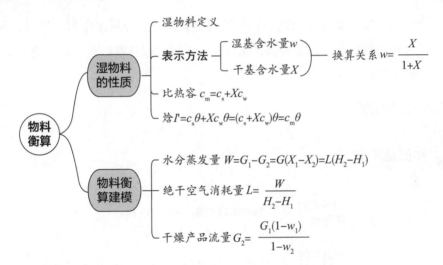

学习要点

基本概念：物料中水分的表示方法（湿基含水量、干基含水量），不同表达方式之间的换算公式，湿物料的比热容、焓。

重点知识：掌握物料衡算式，干燥过程水分蒸发量、绝干空气消耗量和干燥产品流量的计算方法。

能力训练

能够对干燥过程列出正确的物料衡算式，掌握干燥过程水分蒸发量、绝干空气消耗量和干燥产品流量的计算方法。

对于任一湿物料，能计算出干燥到一定水含量时需要蒸发的水分量，需要多少干燥气体，能得到多少目标产物？

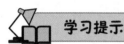

某干燥器的生产能力为 800kg 湿料 /h，将湿物料由湿基含水量为 50%（质量分数）干燥到湿基含水量 5%（质量分数）。空气的干球温度为 20℃，相对湿度为 40%，经预热器加热到 100℃，进入干燥器，从干燥器排出时的相对湿度为 60%。若空气在干燥器中为等焓过程，试求空气消耗量及预热器的加热量是多少？已知操作压力为 101.3kPa。

学习提示

学会类比，根据湿空气的比热容和焓的定义及公式分析湿物料的比热容和焓。根据干燥过程的物料衡算数学模型，灵活确定干燥过程蒸发的水分量、绝干空气消耗量和干燥产品的流量。

12.3.2　热量衡算

知识结构图

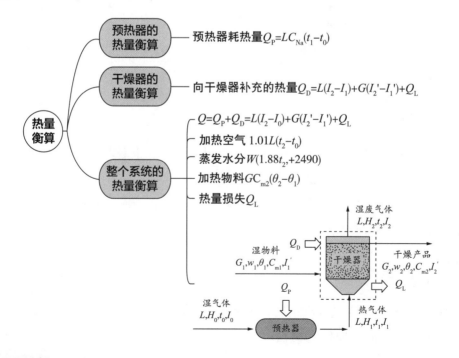

 **学习要点**

基本概念：热量衡算。

重点知识：热量衡算式的推导过程。

 能力训练

能够对干燥过程进行正确的热量衡算数学建模。

训练 12-7

在常压干燥器中将某物料从湿基含水量 6%（质量分数）干燥到湿基含水量 0.6%（质量分数）。干燥器的生产能力为 7000kg 干料 /h，物料进、出口温度分别为 20℃与 60℃。热空气进干燥器的温度为 120℃，湿度为 0.006kg 水 /kg 干气，出干燥器的温度为 80℃。空气最初温度为 20℃。干物料的比热容为 1.8kJ/（kg·℃）。若不计热损失，试求:（1）干空气的消耗量 G、空气离开干燥器时的湿度;（2）预热器对空气的加热量是多少?

 **学习提示**

掌握热量衡算数学建模过程，分别对预热器、干燥器和整个干燥系统进行热量衡算建模。根据前面学习的湿空气的性质参数关系进行整个系统热量衡算公式推导，分析总热量分别用于加热空气、蒸发水分、加热物料和热量损失四个方面的量。

12.3.3 热效率

 **知识结构图**

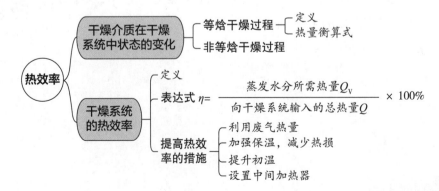

 **学习要点**

基本概念：理想干燥过程（等焓干燥过程）、热效率。

重点知识：掌握等焓干燥过程的特点以及提高热效率的方法。

 能力训练

能够根据实际干燥过程提出提高热效率的措施。

训练 12-8

请举例说明采用废气循环提高热效率的工业实例。

 学习提示

干燥过程的经济性主要取决于热量的有效利用率，热效率愈高，热利用率愈好。根据热效率的定义和热量衡算建模结果理解如何提高热效率。

对于干燥过程加强保温措施，不仅可以直接减少热损失，而且可以减少空气需用量，提高过程的热效率，从而使所需传热量明显降低。气体预热温度越高，所需空气量及供热量越少而热效率越高，但空气预热温度过高，有时会影响干燥产品的质量。采用废气再循环流程，可将新鲜空气预热至允许温度以上，从而减少空气的需用量，提高热效率，降低能耗，从而避免使用高能位的热源，通常是先混合后预热。

12.4　固体物料在干燥过程的平衡关系与速率关系

为了确定物料的干燥时间和干燥器尺寸，需要知道物料的平衡含水量与干燥速率。通过传热、传质推动力讨论干燥过程速率，给出完成一定干燥任务所需要的干燥时间。

本节教学视频

本节总的知识结构图如下：

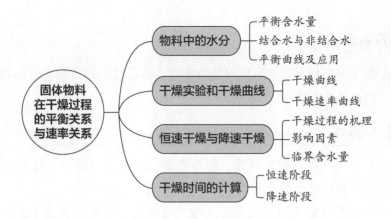

12.4.1 物料中的水分

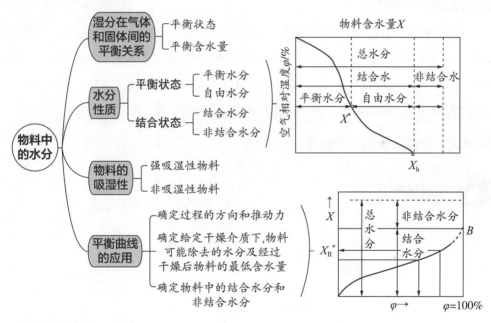

基本概念：平衡状态、平衡水分、自由水分、结合水分、非结合水分、吸湿性。

重点知识：物料中的水分，掌握干燥过程中水分在空气和物料之间的平衡关系，掌握平衡曲线及应用。

了解知识：物料的吸湿性。

能力训练

能够根据平衡曲线确定物料中的几类水分，确定给定干燥条件下可以除去的水分及干燥后的最低含水量。

训练 12-9

（1）分别根据木材、棉花、烟叶的平衡曲线，分析想要达到最佳的干燥效果选用何种干燥介质为宜？

（2）分析当空气的温度升高或者湿度升高，对干燥过程传质、传热的影响。

学习提示

和其他传质过程一样，相平衡关系是干燥过程方向、极限判断的依据。应注意，物料中平衡含水量与自由含水量的划分不仅与物料的性质有关，还与空气的状态有关。对一定的物料，平衡含水量 X^* 会随空气相对湿度 φ 的增大而增大。在恒定的温度下，物料的结合水与非结合水的划分，只取决于物料本身的特性，而与空气状态无关。

12.4.2　干燥实验和干燥曲线

知识结构图

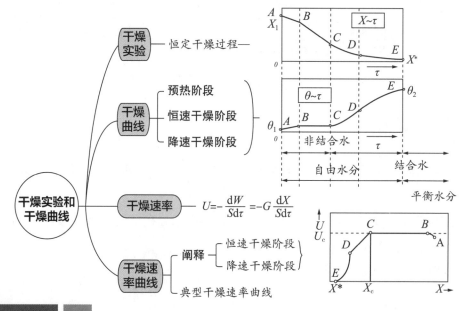

学习要点

基本概念： 干燥曲线、干燥速率曲线、干燥速率。

重点知识： 理解恒定干燥条件下的干燥曲线和干燥速率曲线。

了解知识： 了解干燥实验和典型的干燥速率曲线。

能力训练

能够结合干燥曲线分析物料中的水分脱除过程。

对需干燥的物料能够做出其干燥曲线，并能分析不同干燥过程的干燥速率。

训练12-10

分别查找亲水性和非亲水性粉状物料的干燥曲线，并分析不同干燥过程的干燥速率。

学习提示

根据水分在气固两相间的平衡关系分析干燥曲线的不同阶段及特点，恒速干燥阶段和降速干燥阶段的干燥机理和影响因素各不相同，进而由干燥速率定义分析干燥速率曲线的特点。

12.4.3　恒速干燥与降速干燥

知识结构图

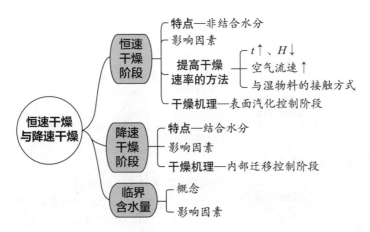

基本概念：恒速干燥阶段、降速干燥阶段、临界含水量。

重点知识：恒速干燥阶段、降速干燥阶段的影响因素、机理。

能分析干燥阶段，针对不同的干燥阶段提出提高干燥速率的方法。

训练 12-11

提高或降低煤粉恒速干燥阶段干燥速率，对煤粉干燥曲线有无影响？

学习提示

结合前面学习的物料中的水分小节，从干燥的不同阶段传热、传质特点出发理解恒速干燥和降速干燥阶段的影响因素和干燥机理。恒速干燥阶段干燥速率取决于物料表面水分的汽化速率，亦即决定于干燥条件，与物料内部水分的状态无关，因此称为表面汽化控制阶段。物料表面的温度等于空气的湿球温度 t_w，汽化的水分为非结合水。降速干燥阶段除去的水分为结合水和非结合水，干燥速率取决于物料内部的水分向表面的迁移速度，又称为物料内部迁移控制阶段。临界含水量是恒速干燥和降速干燥的分界点，与物料的性质（结构、厚度等）、干燥介质的状态（温度、湿度和流速）和干燥器的结构有关。

12.4.4 干燥时间的计算

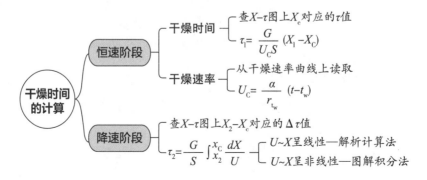

学习要点

重点知识：干燥时间的计算方法，降速干燥阶段关键要掌握干燥速度和物料水分含量的关系式。

了解知识：图解积分法求降速阶段的干燥时间。

能力训练

能够对恒速干燥阶段、降速干燥阶段的干燥时间、干燥速率进行建模计算。

训练 12-12

对恒速干燥阶段的干燥时间进行数学建模。

学习提示

恒速干燥时间和降速干燥时间的查图法和图解法，从干燥速率出发求解。恒速阶段的干燥时间可直接从干燥曲线上查得，或从干燥速率曲线上查得恒速干燥阶段的干燥速率 U_c，然后利用公式计算。需注意 U_c 可利用对数传热系数计算，经验公式估算，还可通过关联式分析影响干燥速率的因素，应视具体情况选择适宜的操作条件。降速阶段的干燥时间根据 U 与 X 的不同关系，采用积分法或图解法。

12.5 干燥设备

知识结构图

本节教学视频

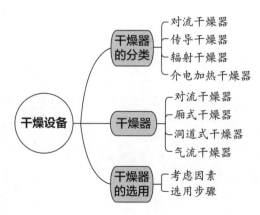

学习要点

基本概念：对流干燥器、干燥器的选用步骤。

重点知识：对流干燥器。

 能力训练

能够根据干燥条件和对干燥产品的要求选用合适的干燥器。

训练 12-13

干燥颗粒状肥料，将含水量从 5% 降至 0.5%（均为干基含水量），生产能力为 3000kg/h，试选用合适的干燥器。

学习提示

对于设备的学习，首先要掌握设备的结构，掌握干燥介质和干燥物料在设备中的流动状态和接触方式，根据干燥物料的特点及对干燥产品的要求按照步骤选用合适的干燥器。

名师答疑

13. 结晶和膜分离

本章教学课件

结晶和膜分离章节讲述结晶和膜分离过程所涉及的基础知识、分类及应用，本章知识结构如下：

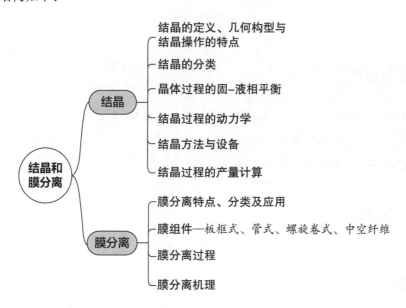

13.1 结晶

13.1.1 结晶概述

本节教学视频

知识结构图

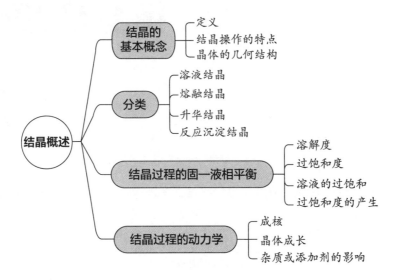

学习要点

基本概念：结晶、过饱和、过饱和度、成核、晶体成长

重点知识：过饱和度及其产生、结晶过程的动力学。

了解知识：结晶的基本概念、结晶的分类。

能力训练

能够对过饱和度的产生以及结晶过程进行讲述。

训练 13-1

结合几种无机物在水中的溶解度曲线图，分析一下对硝酸钾、碳酸钾和氯化钠溶液，要形成过饱和溶液，分别应该采用什么方法？

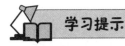

学习提示

注意基本概念，多看几遍，熟能生巧。

13.1.2 溶液结晶方法与设备

知识结构图

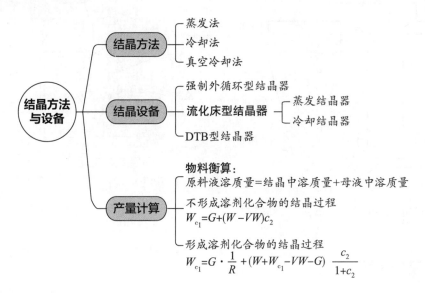

结晶方法与设备
- 结晶方法
  - 蒸发法
  - 冷却法
  - 真空冷却法
- 结晶设备
  - 强制外循环型结晶器
  - **流化床型结晶器**
    - 蒸发结晶器
    - 冷却结晶器
  - DTB型结晶器
- 产量计算
  - 物料衡算：
    原料液溶质质量=结晶中溶质量+母液中溶质量
    不形成溶剂化合物的结晶过程
    $W_{c_1}=G+(W-VW)c_2$
    形成溶剂化合物的结晶过程
    $W_{c_1}=G \cdot \dfrac{1}{R} +(W+W_{c_1}-VW-G)\ \dfrac{c_2}{1+c_2}$

学习要点

重点知识：掌握溶液结晶过程产量的计算。

了解知识：溶液结晶的方法，几种主要结晶设备的结构及特点（见图 13.1~图 13.4）。

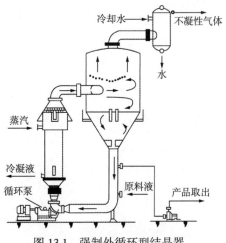

图 13.1 强制外循环型结晶器

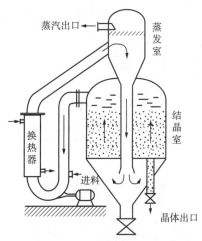

图 13.2 流化床型结晶器 – 蒸发结晶器

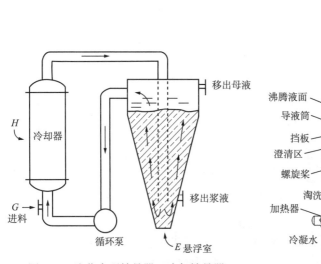

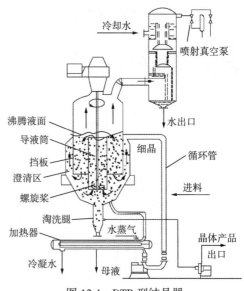

图 13.3　流化床型结晶器 – 冷却结晶器　　　　图 13.4　DTB 型结晶器

能够对溶液结晶过程的产量进行计算。

训练 13-2

　　将 20℃时的 200g 饱和 $CuSO_4$ 溶液蒸发掉 50g 水后，仍降温到 20℃，析出的 $CuSO_4 \cdot 5H_2O$ 晶体质量是多少？已知 20℃时 $CuSO_4$ 溶液的溶解度是 20g。

　　溶液结晶过程产量的计算公式比较复杂，但是不建议直接背计算公式。只要记住物料衡算式中各项的意义，列出衡算式并不难，在此基础上再进行求解。

13.2 膜分离

本节教学视频

13.2.1 膜分离概述

 知识结构图

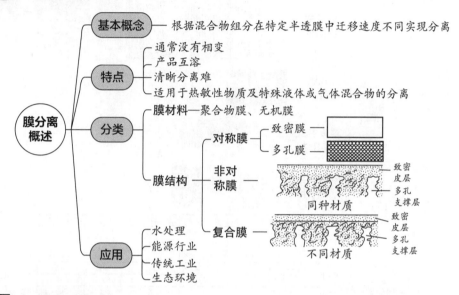

知识结构图内容：

膜分离概述
- 基本概念——根据混合物组分在特定半透膜中迁移速度不同实现分离
- 特点
  - 通常没有相变
  - 产品互溶
  - 清晰分离难
  - 适用于热敏性物质及特殊液体或气体混合物的分离
- 分类
  - 膜材料——聚合物膜、无机膜
  - 膜结构
    - 对称膜——致密膜、多孔膜
    - 非对称膜——同种材质（致密皮层、多孔支撑层）
    - 复合膜——不同材质（致密皮层、多孔支撑层）
- 应用
  - 水处理
  - 能源行业
  - 传统工业
  - 生态环境

 学习要点

基本概念：膜分离。

重点知识：膜按材料的分类，以及按结构的分类。

了解知识：膜分离的特点。

能力训练

能够根据膜的断面判断膜结构的类型。

训练 13-3

反渗透膜一般通过界面反应，形成厚度只有 100 多纳米的分离层。从膜结构角度来看，这种反渗透膜应该制备成什么类型的膜？

 学习提示

对于膜按结构进行的分类，与示意图结合起来比较好理解。

13.2.2　膜组件

知识结构图

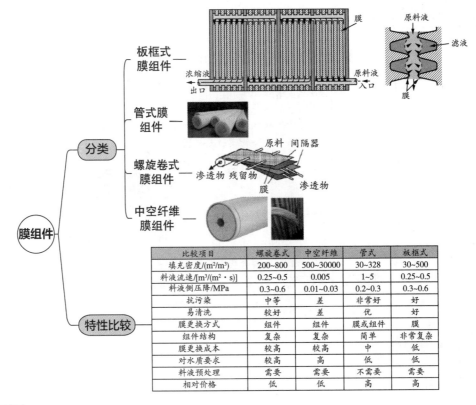

比较项目	螺旋卷式	中空纤维	管式	板框式
填充密度/(m²/m³)	200~800	500~30000	30~328	30~500
料液流速/[m³/(m²·s)]	0.25~0.5	0.005	1~5	0.25~0.5
料液侧压降/MPa	0.3~0.6	0.01~0.03	0.2~0.3	0.3~0.6
抗污染	中等	差	非常好	好
易清洗	较好	差	优	好
膜更换方式	组件	组件	膜或组件	膜
组件结构	复杂	复杂	简单	非常复杂
膜更换成本	较高	较高	中	低
对水质要求	较高	高	低	低
料液预处理	需要	需要	不需要	需要
相对价格	低	低	高	高

学习要点

基本概念： 膜组件。

重点知识： 4种膜组件的结构、主要特点并能够进行比较。

能力训练

能够根据实际待分离体积，选择合理的膜组件。

训练13-4

　　电镀废水中含有较多的重金属离子，调到碱性后，水中形成大量的金属氢氧化物沉淀，拟考虑用超滤膜过滤去除。由于沉淀较多，污染性较强，采用哪种膜组件较为合理？

 **学习提示**

4 种膜组件的比较需要结合各种组件的结构，在理解的基础上进行比较，这样才更容易记住。

13.2.3 膜分离过程简介

知识结构图

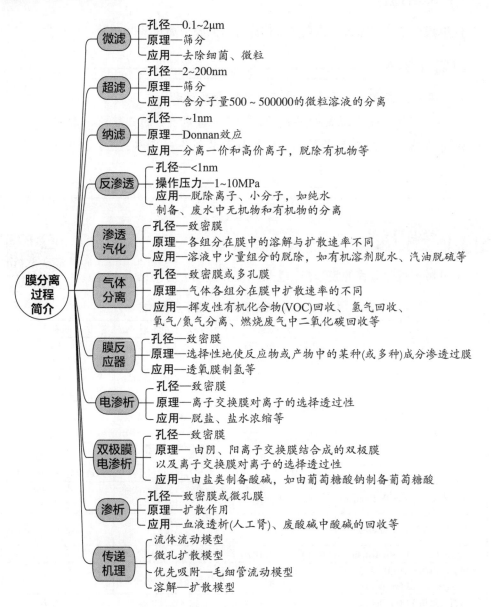

膜分离过程简介
- 微滤
  - 孔径——0.1~2μm
  - 原理——筛分
  - 应用——去除细菌、微粒
- 超滤
  - 孔径——2~200nm
  - 原理——筛分
  - 应用——含分子量500~500000的微粒溶液的分离
- 纳滤
  - 孔径——~1nm
  - 原理——Donnan效应
  - 应用——分离一价和高价离子，脱除有机物等
- 反渗透
  - 孔径——<1nm
  - 操作压力——1~10MPa
  - 应用——脱除离子、小分子，如纯水制备、废水中无机物和有机物的分离
- 渗透汽化
  - 孔径——致密膜
  - 原理——各组分在膜中的溶解与扩散速率不同
  - 应用——溶液中少量组分的脱除，如有机溶剂脱水、汽油脱硫等
- 气体分离
  - 孔径——致密膜或多孔膜
  - 原理——气体各组分在膜中扩散速率的不同
  - 应用——挥发性有机化合物(VOC)回收、氢气回收、氧气/氮气分离、燃烧废气中二氧化碳回收等
- 膜反应器
  - 孔径——致密膜
  - 原理——选择性地使反应物或产物中的某种(或多种)成分渗透过膜
  - 应用——透氧膜制氢等
- 电渗析
  - 孔径——致密膜
  - 原理——离子交换膜对离子的选择透过性
  - 应用——脱盐、盐水浓缩等
- 双极膜电渗析
  - 孔径——致密膜
  - 原理——由阴、阳离子交换膜结合成的双极膜以及离子交换膜对离子的选择透过性
  - 应用——由盐类制备酸碱，如由葡萄糖酸钠制备葡萄糖酸
- 渗析
  - 孔径——致密膜或微孔膜
  - 原理——扩散作用
  - 应用——血液透析(人工肾)、废酸碱中酸碱的回收等
- 传递机理
  - 流体流动模型
  - 微孔扩散模型
  - 优先吸附——毛细管流动模型
  - 溶解——扩散模型

学习要点

基本概念：微滤、超滤、纳滤、反渗透、渗透汽化、气体分离、膜反应器、电渗析、双极膜电渗析、渗析。

重点知识：各类膜分离过程膜的特点和基本原理。

了解知识：膜分离过程的传递机理。

 能力训练

能够根据被分离体系的特点初步选择合适的膜分离过程。

训练 13-5

根据分离需求，分析可采用哪些膜分离过程？

（1）由苦咸水脱盐制备饮用水；（2）含水5%的乙腈溶液脱水；（3）由葡萄糖酸钠制备葡萄糖；（4）由山泉水制备矿泉水；（5）从化工厂高浓度有机气体中回收有机物。

学习提示

对几种典型膜过程的膜结构、主要功能和推动力总结见表 13.1：

名师答疑

表 13.1　典型膜过程的膜结构、主要功能和推动力

过程	膜结构	主要功能	推动力
微滤（MF）Microfiltration	对称细孔高分子膜 孔径 0.1~2μm	滤除悬浮物颗粒	压差 约 0.1MPa
超滤（UF）Ultrafiltration	非对称多孔膜 孔径 2~200nm	滤除胶体和超过截留分子量的分子	压差 约 0.1MPa
纳滤（NF）Nano Filtration	非对称性或复合膜 孔径约 1nm	脱除有机物、高价盐类	压差 0.1~1MPa
反渗透（RO）Reverse Osmosis	非对称性或复合膜 孔径 <1nm	脱除所有溶质	压差 1~10MPa
渗透汽化（PV）Pervaporation	复合膜	水与有机物的分离	渗透组分的气体分压差
气体分离（GP）Gas Permeation	均质膜和非对称膜	滤除悬浮物、气体浓缩与提纯	压差 1~10MPa 浓度差
膜反应器 Membrane Reactor	均质膜	选择性地透过某种产物或反应物	浓度差、压差
电渗析（ED）Electrodialysis	阴、阳离子交换膜	脱除水溶液中盐	电位差
双极膜电渗析（BMED）Bipolar membrane electro dialysis	阴、阳离子交换膜 双极膜	由盐类制备相应的酸碱	电位差
渗析（透析）（D）Dialysis	非对称离子交换膜	脱除水溶液中盐	浓度差

附录　本书符号表

1. 绪论

无

2. 流体流动

英文字母

A 截面积，m^2

C 系数

C_0、C_V 流量系数

d 管道直径，m

d_e 当量直径，m

e 涡流黏度，$Pa \cdot s$

g 重力加速度，m/s^2

G 质量流速，$kg/(m^2 \cdot s)$

h 高度，m

h_f 1kg 流体流动时为克服流动阻力而损失的能量，简称能量损失，J/kg

h_f' 局部能量损失，J/kg

H_e 输送设备对 1N 流体提供的有效压头，m

H_f 压头损失，m

l 长度，m

l_e 当量长度，m

m 质量，kg

M 摩尔质量，kg/kmol

n 指数

N_e 输送设备的有效功率，kW

p 压力，Pa

P 总压力，N

Δp_f 1m^3 流体流动时损失的机械能，或因克服流动阻力而引起的压力降，Pa

r 半径，m

r_H 水力半径，m

R 气体常数，$J/(kmol \cdot K)$；液柱压差计读数，或管道半径，m

Re 雷诺数

T 热力学温度，K

u 流速，m/s

u_{max} 流动截面上的最大速度，m/s

u_r 流动截面上某点的局部速度，m/s

u_s 主流区的流速，m/s

V 体积，m^3

V_s 体积流量，m^3/s

w_s 质量流量，kg/s

W_e 1kg 流体通过输送设备获得的能量，或输送设备对 1kg 流体所做的有效功，J/kg

x_w 质量分数，%

y 气相摩尔分数

Z 1kg 流体的位能，m

希腊字母

ε 绝对粗糙度，mm

ζ 阻力系数

λ 摩擦系数

μ 黏度，Pa·s 或 cP

v 运动黏度，m^2/s 或 cSt

Π 润湿周边，m

ρ 密度，kg/m^3

τ 内摩擦应力，Pa

3. 流体输送机械

英文字母

A 活塞的截面积，m^2

b 叶轮宽度，m

c 离心泵叶轮内液体质点运动的绝对速度，m/s

D 叶轮或活塞直径，m

H 泵的压头，m

H_e 管路系统所需的压头，m

H_f 管路系统的压头损失，m

H_g 离心泵的允许安装高度，m

H_s' 离心泵的允许吸上真空度，m 液柱

$H_{T\infty}$ 离心泵的理论压头，m

i 压缩机的级数

n 离心泵的转速，r/min

n_r 活塞的往复次数，1/min

N 泵或压缩机的轴功率，W 或 kW

N_e 泵的有效功率，W 或 kW

$NPSH$ 离心泵的气蚀余量，m

p_a 当地大气压，Pa

p_v 液体的饱和蒸气压，Pa

Q 泵或风机的流量，m^3/s 或 m^3/h

Q_e 管路系统要求的流量，m^3/s 或 m^3/h

Q_T 泵的理论流量，m^3/s

S 活塞的冲程，m

u 流速或离心泵叶轮内液体质点运动的圆周速度，m/s

W 往复压缩机的理论功，J

z 位压头，m

希腊字母

α 绝对速度与圆周速度的夹角

β 相对速度与圆周速度反方向延线的夹角

ε 余隙系数

η 效率

λ_0 容积系数

4. 非均相物系的分离

英文字母

a 颗粒的比表面积，m^2/m^3；加速度，m/s^2；常数

C 悬浮物系中的分散相浓度，kg/m^3

d 颗粒直径，m

d_e 当量直径，m

F 作用力，N

K 量纲为 1 的数群过滤常数，m^2/s

L 滤饼厚度或床层高度，m

Δp 压力降或过滤推动力，Pa

q 单位过滤面积获得的滤液体积，m^3/m^2

q_e 单位过滤面积上的当量滤液体积，m^3/m^2

r 滤饼的比阻，$1/m^2$

r' 单位压力差下滤饼的比阻，$1/m^2$

R 滤饼阻力；1/m 固气比，kg 固 /kg 气

R_m 过滤介质阻力

s 滤饼的压缩性指数

S 表面积，m^2

u 流速或过滤速度，m/s

u_i 旋风分离器的进口气速，m/s

u_r 离心沉降速度或径向速度，m/s

u_t 沉降速度或带出速度，m/s

u_T 切向速度，m/s

v 滤饼体积与滤液体积之比

V 滤液体积或每个操作周期所得滤液体积，m^3；球形颗粒的体积，m^3

V_e 过滤介质的当量滤液体积，m^3

V_p 颗粒体积，m^3

V_s 体积流量，m^3/s

w 悬浮物系中分散相的质量流量，kg/s

W 重力，N；单位体积床层的颗粒质量，kg/m^3

x 悬浮物系中分散相的质量分数

希腊字母

ζ 阻力系数

η 分离效率

θ、τ 通过时间或过滤时间，s

μ 流体黏度或滤液黏度，Pa·s

ρ_s 固相或分散相密度，kg/m^3

φ_s 形状系数或颗粒球形度

5. 传热

英文字母

A 流通面积，m^2；辐射吸收率；表面积，m^2

b 厚度，m

c 常数

c_p 定压比热容，kJ/(kg·℃)

C 辐射系数，W/(m^2·K^4)

d 管径，m

E 辐射能力，W/m^2

f 摩擦系数

h 冷流体的焓，kJ/kg

H 热流体的焓，kJ/kg

K 总传热系数，W/(m^2·℃)

L，l 长度，m

n 指数；管数

N 程数

q 热通量，W/m^2

q_m 质量流量，kg/s

Q 辐射能，W；传热速率或热负荷，W

r 半径，m；汽化热或冷凝热，kJ/kg

R 热阻，(m^2·℃)/W；反射率

S 传热面积，m^2

t 冷流体温度，℃

T 热流体温度，℃；热力学温度，K

u 流速，m/s

x、y 空间坐标

希腊字母

α 对流传热系数，W/(m^2·℃)

β 体积膨胀系数，1/℃

δ_t 边界层厚度，m

ε 系数；黑度

λ 导热系数，W/(m·℃)

μ 黏度，Pa·s 或 cP

φ 系数

Ψ 校正系数

6. 蒸发

英文字母

c_p 定压比热容，kJ/(kg·℃)

D 加热蒸汽消耗量，kg/h

F 进料量，kg/h

h 液体的焓，kJ/kg

H 蒸汽的焓，kJ/kg

K 总传热系数，W/(m^2·℃)

Q 传热速率，W

r 汽化热，kJ/kg

S 传热面积，m^2

t 溶液的沸点，℃

U 蒸发强度，kg/(m^2·h)

W 蒸发量，kg/h

x 溶液的质量分数，%

7. 传质过程基础

c 混合物的总物质的量浓度，$kmol/m^3$

c_{av} 混合物的总平均物质的量浓度，$kmol/m^3$

c_i 混合物中 i 组分的物质的量浓度，$kmol/m^3$

D 扩散系数，m^2/s

D_{AB} 组分 A 在组分 B 中的扩散系数，m^3/s

j 以扩散速率表示的混合物的质量通量，kg/(m^2·s)

j_A 以扩散速率表示的组分 A 的质量通量，kg/（m²·s）

J 以扩散速率表示的混合物的摩尔通量，kmol/（m²·s）

J_A 以扩散速率表示的组分 A 的摩尔通量，kmol/（m²·s）

$k_c°$、k_c 气相对流传质系数，kmol/[m²·s·（kmol/m³）] 或 m/s

$k_G°$、k_G 气相对流传质系数，kmol/[m²·s·（kmol/m³）] 或 m/s

m 混合物的总质量，kg

n 以绝对速度表示的混合物的质量通量，kg/（m²·s）

n_A 以绝对速度表示的组分 A 的质量通量，kg/（m²·s）

n_B 以绝对速度表示的组分 B 的质量通量，kg/（m²·s）

N 以绝对速度表示的混合物的摩尔通量，kmol/（kg·m²·s）

N_A 以绝对速度表示的组分 A 的摩尔通量，kmol/（kg·m²·s）

N_B 以绝对速度表示的组分 B 的摩尔通量，kmol/（kg·m²·s）

p 系统总压力，kPa

p_A 组分 A 分压，kPa

p_B 组分 B 分压，kPa

p_{BM} 组分 B 的对数平均分压，kPa

$\dot{R}_A$ 单位体积流体中组分 A 的摩尔生成速率，kg/（m³·s）

t 温度，℃

T 热力学温度，K

u 质量平均速度，m/s

u_m 摩尔平均速度，m/s

w 混合物中某组分的质量分数，%

x 混合物中某组分的摩尔分数，%

X 混合物中某组分的摩尔比

$\bar{X}$ 混合物中某组分的质量比

y 混合物中某组分的摩尔分数，%

Y 混合物中某组分的摩尔比

z 扩散距离，m

z_G 气膜厚度，m

8. 吸收

英文字母

c 总浓度，kmol/m³；

c_i 组分 i 的物质的量浓度或浓度，kmol/m³

D 扩散系数，m²/s；塔径，m

E 亨利系数，kPa

H 溶解度系数，kmol/（m³·kPa）

H_{OG} 气相总传质单元高度，m

k_G 以 Δp 为推动力的气膜吸收系数，kmol/（m²·s·kPa）

k_L 以 Δc 为推动力的液膜吸收系数，kmol/（m²·s·kmol/m³）或 m/s

k_x 以 Δx 为推动力的液膜吸收系数，kmol/（m²·s）

k_y 以 Δy 为推动力的气膜吸收系数，kmol/（m²·s）

K_G 以 Δp 为总推动力的气相总吸收系数，kmol/（m²·s·kPa）

K_L 以 Δc 为总推动力的液相总吸收系数，kmol/（m²·s·kmol/m³）或 m/s

K_x 以 Δx 为总推动力的液相总吸收系数，kmol/（m²·s）

K_X 以 ΔX 为总推动力的液相总吸收系数，kmol/（m²·s）

K_y 以 Δy 为总推动力的气相总吸收系数，kmol/（m²·s）

K_Y 以 ΔY 为总推动力的气相总吸收系数，kmol/（m²·s）

L 吸收剂用量，kmol/s

m 相平衡常数，量纲为 1

N_A 组分 A 的传质通量，kmol/（m²·s）

N_{OG} 气相总传质单元数，量纲为 1

N_T 理论级数，量纲为 1

p 总压，kPa

p_i 组分 i 分压，kPa

R 通用气体常数，kJ/（kmol·K）

T 热力学温度，K

u 气体的空塔速度，m/s

V 惰性气体的摩尔流量，kmol/s

V_s 混合气体的体积流量，m^3/s

x 组分在液相中的摩尔分数，%

X 组分在液相中的摩尔比

y 组分在气相中的摩尔分数，%

Y 组分在气相中的摩尔比

Z_G 气膜厚度，m

Z 填料层高度，m

希腊字母

ρ 密度，kg/m^2

φ 相对吸收率，%

φ_A 吸收率或回收率，%

Ω 塔截面积，m^2

下标

A 组分 A

B 组分 B

max 最大的

min 最小的

9. 蒸馏

英文字母

c 比热容，kJ/（kg·℃）

C 独立组分数

D 塔顶产品（馏出液）流量，kmol/h

E_T 塔效率

F 自由度数

$HETP$ 理论板当量高度，m

I 物质的焓，kJ/kg

K 相平衡常数

L 塔内下降的液体流量，kmol/h

M 摩尔质量，kg/kmol

n 精馏段理论板层数

N 理论板层数

p 系统压力或外压，Pa

p^o 组分的饱和蒸气压，Pa

q 进料热状况参数

Q 传热速率或热负荷，kJ/h 或 kW

r 加热蒸汽汽化热，kJ/kg

R 回流比

t 温度，℃

u 气相空塔速度，m/s

v 组分的挥发度，Pa

V 上升蒸汽的流量，kmol/h

W 塔底产品（釜残液）流量，kmol/h；瞬间
　　釜液量，kmol

x 液相中易挥发组分的摩尔分数，%

y 气相中易挥发组分的摩尔分数，%

Z 塔高，m

希腊字母

α 相对挥发度

η 组分回收率

φ 相数

μ 黏度，Pa·s

τ 时间，h 或 s

下标

A 易挥发组分

B 再沸器；难挥发组分

c 冷却或冷凝

D 馏出液

e 最终

F 原料液

h 加热

i 组分序号

j 基准组分

L 液相

m 平均

m 提馏段或塔板序号

min 最小或最少

n 精馏段或塔板序号

p 实际的

q 线与平衡线的交点

T 理论的

V 气相

W 釜残液

上标

^{o} 纯态

10. 气液传质设备

D 塔径，m

h_1 与板上液层阻力相当的液柱高度，m；进口堰与降液管间的水平距离，m

h_L 板上清液层高度，m

h_o 降液管的底隙高度，m

h_{ow} 堰上液层高度，m

h_w 出口堰高度，m

l_w 堰长，m

Ls 液体体积流量，m/s

n 筛孔数目

Δp 压力降，Pa

t 筛孔的中心距，m

u_F 泛点气速，m/s

U 液体喷淋密度，$m^3/(m^2 \cdot h)$

V_s 气体体积流量，m^3/s

W_d 弓形降液管宽度，m

ε 空隙率

μ 黏度，mPa·s

σ 比表面积，m^2/m^3 填料

ϕ 开孔率；填料因子，m^{-1}

下标

L 液相的

V 气相的

11. 萃取

A_m 萃取因子，吸收中的脱吸因子

B 原溶剂中组分 B 的量，kg 或 kg/h

c 组分在水相或有机相中的平衡浓度，$kmol/m^3$

E 萃取相的量，kg 或 kg/h

E' 萃取液的量，kg 或 kg/h

F 原料液的量，kg 或 kg/h

$HETS$ 理论级当量高度，m

k 以质量分数表示组成的分配系数

K 以质量比表示相组成的分配系数；以体积浓度表示的萃取反应平衡常数

M 混合液的量，kg 或 kg/h

N_T 萃取理论级数

R 萃余相的量，kg 或 kg/h

R' 萃余液的量，kg 或 kg/h

S 萃取剂的量，kg 或 kg/h；萃取剂中纯组分 S

的量，kg 或 kg/h

x 萃余相中组分的质量分数，%

X 萃余相中组分的质量比组成

y 萃取相中组分的质量分数，%

Y 萃取相中组分的质量比组成

希腊字母

β 溶剂的选择性系数

Δ 净流量，kg/h

φ 萃取率

下标

A、B、S 代表组分 A、B、S

D 分散相；

E 萃取相

R 萃余相

i 级数（$=l$，2，…，n）

12. 干燥

c_H 湿空气的比热容，kJ/(kg·℃)

c_m 湿物料的比热容，kJ/(kg·℃)

c_g 绝干空气的比热容，kJ/(kg·℃)

c_v 水汽的比热容，kJ/(kg·℃)

c_s 绝干物料的比热容，kJ/(kg·℃)

c_w 水的比热容，kJ/(kg·℃)

G_1、G_2 湿物料进、出干燥器时的流量，kg/s

G 绝干物料的流量，kg/s

H 绝对湿度，kg 水蒸汽 /kg 绝干空气

H_s 饱和湿度，kg 水蒸汽 /kg 绝干空气

H_1、H_2 空气进、出干燥器时的湿度，kg/kg 绝干气

I 焓，kg/kg 绝干空气

I_g 干空气的焓，kg/kg 绝干空气

Iv 水汽的焓，kg/kg 绝干空气

I' 湿物料的焓，kg/kg 绝干空气

L 绝干空气消耗量，kg 绝干空气 /s

L' 湿空气质量流速，kg/s

l 单位空气消耗量，kg 绝干空气 /kg

m_v 水汽的质量，kg

m_g 绝干空气的质量，kg

p_v 水汽分压，kPa

p 湿空气的总压，kPa

p_g 干空气分压，kPa

p_s 纯水的饱和蒸气压，kPa

Q_P 预热器消耗的热量，kW

Q_D 向干燥器补充的热量，kW

Q_L 干燥器的散热损失，kW

S 物料的接触面积

t 干球温度，℃

t_d 露点温度，℃

t_w 湿球温度，℃

t_{as} 绝热饱和温度，℃

w 湿基含水量

W 水分蒸发量，kg/s

X 干基含水量

X_1、X_2 湿物料进、出干燥器时的干基含水量

X^* 平衡含水量

X_h 湿含量

X_c 临界湿含量

y 水汽含量

希腊字母

φ 相对湿度

v_H 湿比体积（湿容积），m³ 湿气 /kg 绝干气体

η 热效率，%

U 干燥器的干燥速率，kg 水 /（m² · h）

θ 物料表面的温度，℃

α 对流传热系数

k_H 对流传质系数

τ_1 恒速干燥阶段干燥时间，s

τ_2 降速干燥阶段干燥时间，s

总习题及答案